U0613990

跟 着 蛟 龙 去 探 海

国家出版基金项目
NATIONAL PUBLICATION FOUNDATION

跟着蛟龙去探海

总主编 刘 峰
执行总主编 李新正

海·底·奇·观

李新正 ◎ 主编

王艺璇 文稿编撰
董 超 王艺璇 图片统筹

中国海洋大学出版社
·青岛·

跟着蛟龙去探海

总主编 刘 峰

执行总主编 李新正

编委会

主 任 刘 峰 中国大洋矿产资源研究开发协会秘书长

副主任 杨立敏 中国海洋大学出版社社长

李新正 中国科学院海洋研究所研究员

委 员（以姓氏笔画为序）

石学法 邬长斌 刘 峰 刘文菁 纪丽真

李夕聪 李新正 杨立敏 徐永成 董 超

总策划 杨立敏

执行策划

董 超 滕俊平 孙玉苗 王 慧 郭周荣

跟着蛟龙去探海，一路潜行

　　深海，自古以来就带给了人类无限的遐想，从"可上九天揽月，可下五洋捉鳖"的美好向往，到凡尔纳笔下"海底两万里"的奇幻之旅，人类对它的好奇催生了一次又一次的探索与发现之旅。随着深海的神秘面纱被一点点揭开，呈现在我们面前的是一个资源宝库。对于深海资源的保护与利用，关系到人类的未来。与此同时，建设海洋强国的号召也为我国的科研工作者带来了新的使命，对于深海的探索是我们开发海洋、利用海洋、保护海洋至关重要的一环。

　　"蛟龙"号应运而生。我国首台自主设计、自主集成的 7 000 米级载人潜水器"蛟龙"号的诞生，揭开了我国载人深潜的新篇章，使得我国成为继美、法、俄、日之后世界上第五个掌握大深度载人深潜技术的国家。

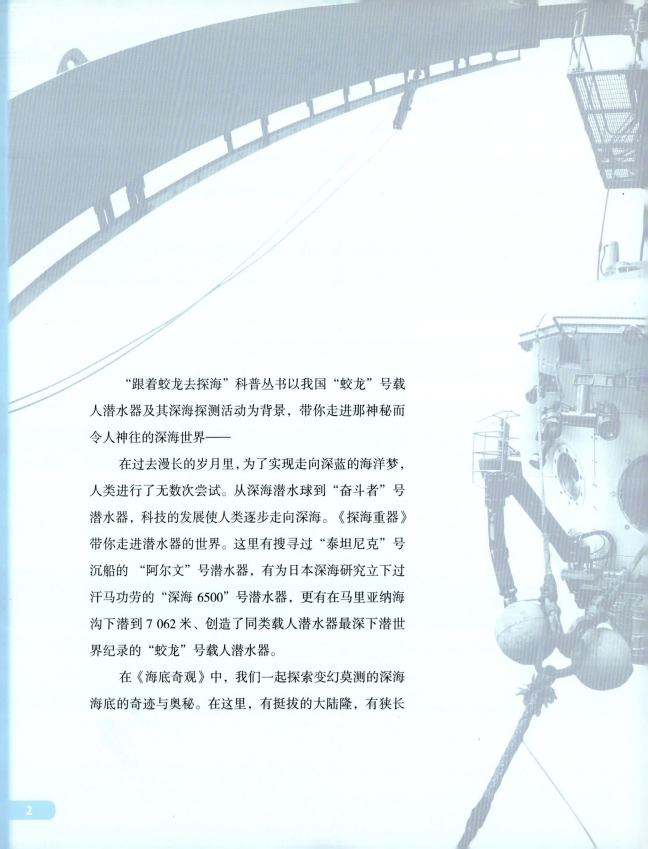

　　"跟着蛟龙去探海"科普丛书以我国"蛟龙"号载人潜水器及其深海探测活动为背景，带你走进那神秘而令人神往的深海世界——

　　在过去漫长的岁月里，为了实现走向深蓝的海洋梦，人类进行了无数次尝试。从深海潜水球到"奋斗者"号潜水器，科技的发展使人类逐步走向深海。《探海重器》带你走进潜水器的世界。这里有搜寻过"泰坦尼克"号沉船的"阿尔文"号潜水器，有为日本深海研究立下过汗马功劳的"深海6500"号潜水器，更有在马里亚纳海沟下潜到7 062米、创造了同类载人潜水器最深下潜世界纪录的"蛟龙"号载人潜水器。

　　在《海底奇观》中，我们一起探索变幻莫测的深海海底的奇迹与奥秘。在这里，有挺拔的大陆隆，有狭长

延绵的海岭，有平坦的深海平原，有如海洋脊梁的大洋中脊，有冒着滚滚烟雾的海底"黑烟囱"，有冒着泡泡的海底冷泉……它们高低起伏，呈现出不同的状态，再加上密密麻麻的贻贝群落、长着大"耳朵"的"小飞象章鱼"、丛生的珊瑚等，搭建出瑰丽神秘的"海底花园"。

蛟龙似箭入深海，探索生命利万世。"维纳斯的花篮"偕老同穴、超级耐热的庞贝虫、在海底"黑烟囱"旁"生根发芽"的巨型管虫、长着亮粉色古怪胸眼的裂隙虾、在海底独霸一方的铠甲虾、仿佛来自地狱的深海幽灵蛸……《奇妙生物圈》让你认识异彩纷呈的深海生命。然而这里早已不是一片净土，深海污染让人忧心——无孔不入的微塑料、距离海面一万多米的马里亚纳海沟最深处的塑料袋……

《深海宝藏》带你去被誉为21世纪人类可持续发展的战略"新疆域"——深海寻宝。深海蕴藏着人类社会未来发展所需的丰富资源，这里有可提供优质蛋白质的"蓝色粮仓"、前景广阔的"蓝色药库"、种类繁多的深海矿产。在"蛟龙"号载人潜水器等深海利器的协

助下，一个个海底"聚宝盆"逐渐向世人展示出它们的宝贵价值。

浩渺海洋，变幻莫测，尤其在深海海底潜藏着许多人类未知的宝藏。"蛟龙"号载人潜水器是中国深潜装备发展历程中的一个重要里程碑。它的研制成功吹响了中华民族进军深海的号角。

"跟着蛟龙去探海"科普丛书就像一个符号，书写着人类对于深海的好奇与热情、对于深海探索的笃定之心，更抒发着我们对于每一位心系深海、为我国海洋科学事业默默付出和无私奉献的深潜勇士和科研工作者的敬慕之心。

就让我们随着"蛟龙"号载人潜水器的脚步，踏上这奇妙的深海之旅，见证探海重器的诞生，走近雄伟壮阔的海底奇观，揭秘生活于黑暗中的奇妙生物，探索那埋藏于洋底的深海宝藏。

前 言

Preface

　　在海洋深处，峡谷蜿蜒，山川林立，偶有岩浆喷涌而出，瑰丽婀娜的珊瑚摇曳生姿，千奇百怪的鱼虾悠游自在……它们远离陆地与阳光，共同搭建出深海的奇观异景。

　　阅读这本书，你将翻越海底的崇山峻岭，在滚滚黑烟和串串气泡之间穿梭，来到海底聚宝盆寻宝，继而在海沟里倾听地球最深处的回音；你将横穿四大洋，看宛如沉睡巨龙的大洋中脊如何谱写冰火颂歌；你还将走近深海生命之床——热液喷口，穿梭于一座座喷云吐雾的"烟囱"之中。在光怪陆离的海底世界，一块不起眼的石头，一捧随地可见的软泥，也许都是极为珍贵的宝藏；风姿绰约的海百合、亭亭玉立的海绵，还有那艳比牡丹的珊瑚，定会让你流连忘返。你知道海底也有"小飞象"吗？你见过会发光的鱼吗？你领略过虾蟹成群的壮观景象吗？海里的淡水从何而来？"死亡冰柱"又是什么海底奇观？……这些问题的答案都在书中，等待你去发现。

每一处奇异地貌的发现与成因的探究，都离不开前人的探索和科学技术的推动。我们将一起坐上"挑战者"号科学考察船寻找大洋中脊，体验那段动人的科考经历；也将搭乘"蛟龙"号载人潜水器潜入深海热液区，一睹热液生物的风采；或者跟随大导演卡梅隆乘坐"深海挑战者"号潜水器游历马里亚纳海沟，静静体会海洋深处的魅力……在领略海底奇观的同时，这些探险故事也必将给你带来全新的体验。

巴尔扎克曾说："善于等待的人，一切都会及时来到。"科学无止境，探索不停息，深海的那些未解之谜等待着我们去一一揭晓。而在这寻觅的过程中，有荆棘，有惊喜，让我们砥砺前行，在静谧之曲中谱写一首首新的乐章，一起追逐中国的深蓝之梦。■

目 录
Contents

冉冉升起的深海"新星"——冷泉

海面下的盆地

海洋最深处的风景

奇幻魅影

海底的前世今生

　　从太空看地球，它是如此的美丽，氤氲着云层的白、森林的绿、沙漠的黄，而渲染得最广最美的颜色，是大海的蓝。占地球表面积约七成的海洋，拥抱着陆地，容纳着百川。让我们乘坐"蛟龙"号一起去深海遨游吧！

　　选一个风和日丽的日子，来到海边远眺，入眼的是宽广的海面，海天相连，波光粼粼，而无论从哪个角度看，海面整体上是平坦无垠的。但是，在神秘的海底，却与陆地类似，有高山、有丘陵、有盆地、有裂谷，高低起伏，变幻多端，搭建出瑰丽神秘的海底奇观。由于海底常常深不可测，长期以来，人们很难看到水面以下的地貌类型。19世纪20年代，德国科考船"流星"号考察南大西洋时，首次使用回声探测仪揭示了大洋底部的起伏状况。随着科技水平的不断提高，现在我们终于能够一睹海底地形的面貌。在领略海底景观之前，先来了解一下海底的"前世今生"，这对之后的旅程将大有裨益哦！

海底地形是这样来的 ▶▶▶

任何事物的发展，都有一个从诞生到形成的过程，海底地形也是这样。它历经数亿年；在海陆缓慢而持续的运动变化中，逐步变成今天的模样。很久以前的海陆分布和今天相比有什么不同？这种不同是如何造成的？这和海底地形的形成又有什么关系呢？追溯地球历史、找到这些问题的答案可不是一件容易的事，让我们借助"巨人的肩膀"来探寻那段岁月。

大陆也会漂移吗？

16世纪开始，伴随着地理大发现的深入和世界地图的绘制，有人注意到，如果沿着海岸线的凹凸走势，把南大西洋两岸的陆地（南美洲大陆和非洲大陆）拼到一起，几乎可以得到一块完整的陆地。但是，这两块大陆之间隔着广阔的大西洋！人们不禁要问：怎么会有如此契合的边界呢？一些学者认为海岸线的吻合不是偶然的，两个大陆或许在很久以前就是一个整体。

1910年的一天，德国气象学家、地球物理学家魏格纳躺在床上养病。他盯着墙上的世界地图出神，突然间，发现了大西洋两岸海岸线轮廓的凹凸居然如此吻合。机缘巧合下，魏格纳开始运用地质学和古生物学知识去探索大陆运动

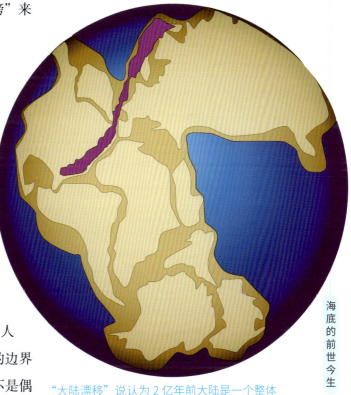

"大陆漂移"说认为2亿年前大陆是一个整体

海底的前世今生

的秘密，终于在1912年系统地提出了"大陆漂移"说。他认为，在约2亿年以前，大陆是一个整体，叫作"泛大陆"，置身于一片汪洋之中。在漫长的岁月里，受到潮汐摩擦力和地球自转离心力的影响，泛大陆的多个地方开始断裂并逐渐漂移到现今的位置。

不要以为这个观点是魏格纳凭空捏造出来的，它有很多事实依据作为支撑。比如，除了海岸线轮廓能拼合在一起以外，大西洋两岸沉积物和熔岩的层序大致相同，岩石的年龄和纹理也能吻合，岩层中还有相同种类的动植物化石。并且，两岸的山系、矿藏等十分相似，几乎一样的古气候特征也是有力的证据。

此前，人们一直认为大陆和海洋是相对稳定的，大陆不会分裂，更不会移动，"大陆漂移"说颠覆了人们已有的认知，一时之间无法被人接受，甚至受到了抨击。并且，依据当时物理学家的计算结果，魏格纳所说的潮汐摩擦力和离心力，根本无法促使这么大面积的陆地分裂，更不可能推动如此规模的大陆运动。因此，绝大多数科学家都不认同"大陆漂移"的说法，而少数支持的科学家也无法回答推动大陆漂移的动力问题，所以"大陆漂移"说在魏格纳去世后便日渐沉寂下去。

海水年龄比海底大？

若干世纪以来，人们一直将地质研究的目光集中在大陆上，即使"大陆漂移"说涉及了海洋，它也是以大陆运动为主。随着科技的发展，以及各国对海洋资源的重视程度不断提高，关于海洋的各种调查工作得以开展，由此获得了大量海洋研究的资料，有了很多新的发现。其中一个发现就是，海水在地球上存在已有30多亿年，而海底岩石样本最老的不超过2亿年。海水年龄远远大于海底，那是不是说，在还没有海底的时候就有海水了？不妨先看看美国地质学家赫斯的研究，或许我们就能找到答案了。

赫斯曾作为一名海军舰长巡航太平洋时，利用声呐技术，发现大洋底部有连续隆起的山体。这些山体形似火山锥，却似乎被削去了尖顶，山顶是平坦的，

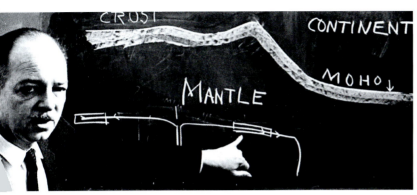

赫斯　　　　　　　　　　　　　　　　　　　　迪茨

后来被统称为"海底平顶山"。而此前，人们已经发现海底有一条山脉，隆起于洋底中部，并贯穿四大洋，这条山脉被后世命名为"大洋中脊"。它们两个有什么关系呢？研究发现，离大洋中脊越近的海底平顶山，年龄越年轻，山顶离海面较近；而距离大洋中脊远的，则地质年代久远，山顶和海面的距离也较大。带着这个发现进行系统研究后，赫斯在 1960 年首次提出了"海底扩张"说；美国科学家迪茨也于 1961 年在《自然》杂志上发表论文，提出了海底扩张的观点。

　　按照"海底扩张"说的观点，地幔内部存在热对流现象，大洋中脊正是热对流上升使海底裂开之处，高温高压的岩浆从脊顶的裂谷处喷涌而出，遇到海水后

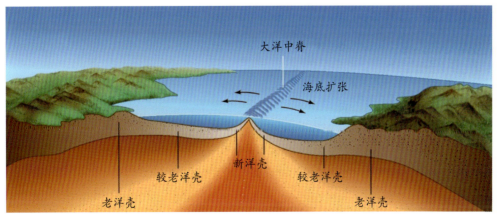

"海底扩张"说示意图

海底的前世今生

又逐渐冷却凝固，从而形成新的洋壳。当然，岩浆上涌不会只有一次，在继之而来的新一轮上涌中，新的洋壳形成，老洋壳则不断向外推移，这便造成了海底扩张。上涌扩散的岩浆与原有的岩浆融合为一体。而那些被推移到远方的洋壳又是什么归宿呢？其实，当它的边缘遇到大陆地壳时，受到了阻碍，便会向大陆地壳下方俯冲，重新潜入地幔的软流层中，最终被周围高温溶化成新的岩

浆，参与下一次的岩浆喷涌。完整的循环过程需要2亿年左右，洋底便会在这个循环里更新一次，因此，洋底岩石的最大年龄也就不会超过这个时间，这也解释了为什么已有的海水比海底的年龄要大。

"海底扩张"说可以解决"大陆漂移"说遗留的一部分动力问题，使科学家开始认同"地壳存在大规模漂移运动"的观点，"大陆漂移"说又重新出现在

岩浆

人们的视野里。而"海底扩张"说一跃成为全球最有影响力的大地构造学说，并影响至今。

地球喊你玩拼图

借着"大陆漂移"说和"海底扩张"说的东风，1967～1968年，美、英、法三国的四名地球物理学家，结合大量的海洋地质、地球物理等资料进行综合分析，最终提出了"板块构造"说，直到今天，这个学说还在不断发展。

所谓"板块构造"，就是说地球的岩石圈不是一个整体，而是被分割成许多构造单元，这些构造单元叫作"板块"。法国地质学家勒·皮雄将全球地壳划分为六大板块，也就是太平洋板块、亚欧板块、非洲板块、美洲板块、印度洋板块（包括澳大利亚）和南极洲板块，而大板块里又

海底的前世今生

包括若干小板块。这些地球板块处在不断的运动变化中，彼此相对移动时，难免会相互碰撞或者张裂。在板块张裂的地方，容易形成裂谷，进而演化为海洋；而在板块相互碰撞挤压的地方，就容易形成山地，进而演化为大陆。

既然板块在运动，那为什么生活在地球上的我们平时感觉不到呢？这是因为，板块运动十分缓慢，每年只能移动1～10厘米。沧海变桑田，需要亿万年的时光。山地峡谷、高原大海，都是板块运动的见证者。其实我们熟悉的火山喷发、地震等自然现象，都是板块运动引起的。

回到海底

"板块构造"说是"海底扩张"说的发展和延伸，而从"海底扩张"到"板块构造"又弥补了"大陆漂移"说的缺陷，证明了大陆漂移的合理性。三个学说一脉相承，揭开了地球大地构造的神秘面纱，可谓地球大地构造理论的"三部曲"。尤其是"海底扩张"和"板块构造"两

个学说，在解释海底地形的形成原因方面，目前还没有其他学说能取而代之。简单来说，在板块的裂谷地区，地面凹陷，形成海盆，如果裂谷地区有岩浆喷溢而出，便能促成海岭的生成。而当大陆板块和大洋板块相互作用的时候，就意味着海沟和岛弧可能会在日后出现。

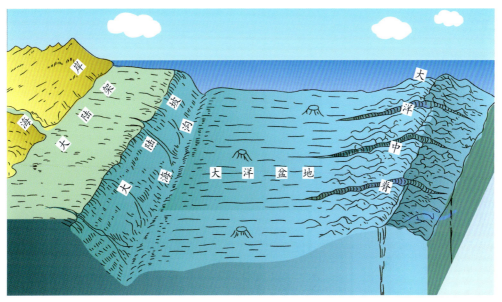

主要海底地貌示意图

由陆地进入海洋，沿着大陆架一路下潜，再顺着骤然变陡的大陆坡下滑，便到达坡度减缓的大陆隆。这时，你已经位于海面以下至少 1 500 米的位置了。当然，你也有可能会看到一条深不见底的海沟。离开大陆隆或者海沟，地势便趋于平缓，在这里，你的下潜深度已经有四五千米了。此处看似平坦宽广，实则暗藏乾坤，海山、海盆等许多地质景观都能在这里看到。另外，别忘了深海里还有一身形庞大的大洋中脊，它盘亘在海底，连绵于四大洋之中，宛如一条沉睡的巨龙。

海底地形虽和陆地地形一样起伏不断，但有其独特的面貌。贯穿四大洋的大洋中脊已经是海底独有的景观了，许多大陆架和深海平原还远远比陆地更加广大且平坦；很多海底山脉，不仅比陆地山脉高得多，而且又宽又长；而深海的海底更保持了清晰而原始的海底地貌特点——这是由于海底所受的侵蚀、搬运、沉积等外力作用很多时候比陆地的要小。

借由地球构造理论、学说的不断发展，我们得以大致勾勒出海陆的形成过程，窥见海面以下蕴藏着的玄机。

海底地貌 ▶▶▶

海底面积广大，地形复杂，科学家通过研究，把海底分为大陆边缘、大洋盆地和大洋中脊三大部分，并在此基础上将不同的地貌命名、归类。

沟通海陆的"桥"：大陆边缘

所谓大陆边缘，顾名思义，就是大陆的边缘地带，是从陆地与大洋之间的过渡地带。在这个区域里，大陆架、大陆坡和大陆隆是三个主要成员，此外，像太平洋还有岛弧 – 海沟体系。

大陆架

在整个海底地形里，大陆架离陆地最近，是从陆地向海域自然延伸的一部分。从陆地的低潮线开始，直到海底坡度陡增的地方，都可称为大陆架。它的平均深度只有 133 米，被科学家划分到了浅海里。大陆架在全世界宽窄不一，平均宽度 75 000 米。大陆架总体上地势平缓，但局部范围里也存在着各种各样的起伏形态，比如水下谷地、丘陵、凹地；在靠近大的江河入海口的地方，还常常分布着三角洲。

大陆坡

大陆坡位于大陆架和大洋底之间。在大陆架尽头，海底坡度突然变陡，进入

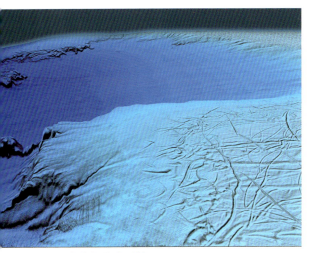

大陆架和大陆坡

大陆坡。如果把大陆坡设想成一个大型滑梯，我们就能从水深 100 ~ 200 米的浅水区域滑到水深 1 500 ~ 3 000 米的地方，要是这个"滑梯"的尽头挨着海沟，落脚点可能是万丈深渊。大陆坡比较陡——坡度通常是 3º ~ 6º，最大坡度是 40º，而且大陆坡表面常常被海底峡谷"切割"开来，十分粗糙而崎岖。

海底峡谷

海底峡谷是把大陆坡表面切割得很深的部分。它与陆地上的峡谷长得很像，身体狭长又弯曲，横截面呈 V 形，两边的谷壁又高又陡，岩石嶙峋分布，还分出了很多像树枝一样曲折的支谷。

在海底峡谷的前缘，陆源碎屑物在浊流作用下，通过海底峡谷搬运至洋底，堆积形成扇形或锥形沉积体，这就是深海扇或海底三角洲。印度洋的孟加拉深海扇是世界上已知最大的深海扇，以河口为顶点在海底延伸逾 2 000 千米，面积约为 200 万平方千米，前缘直抵 5 000 米深处。陆地上最大的东非大裂谷，从谷底到顶部也只有 2 000 米，还不到它的一半呢！

关于海底峡谷的形成，一些科学家认为，在古老的地质时期，由于河流的"切割"形成了陆上峡谷，后来，因为地壳下沉或海平面上升，陆上峡谷

海底峡谷

海底峡谷

被海水淹没，成为今天的海底峡谷。但是，有些海底峡谷处于海平面以下1 000 ~ 2 000米甚至更深的地方，而海平面抬升的幅度不可能达到这么大，所以这种说法不足以令所有人信服。

于是，科学家又给出了另一种解释，即海底峡谷是浊流侵蚀的产物。浊流是一种富含大量沙砾、粉砂、泥质物的混浊海水，在顺着海水流运的过程中，侵蚀海底，久而久之，就形成了海底峡谷。这个说法目前受到普遍认同。那么，浊流会有那么大的力量形成比东非大裂谷还要深一半多的海底峡谷吗？关于海底峡谷的形成，科学家还在继续寻找答案。

大陆隆和岛弧－海沟体系

在大陆坡和大洋盆地之间的过渡地带，不是岛弧－海沟体系，就是大陆隆。大陆隆，也叫"大陆基"，是一个向洋底缓慢倾斜的海底沉积带，沉积物主要是陆地上的黏土和沙砾。大陆隆的深度为1 500 ~ 5 000米，是当之无愧的深海成员。大陆隆在印度洋、大西洋、北冰洋以及南极洲周围最为常见，在太平洋西部的边缘海也有分布。

岛弧－海沟体系，其实是岛弧和海

沟两种地貌的合称。在大陆坡陷入深海海底之前，你可能会看到一系列隆起，有的露出海面连绵成一条弧形的长串，这就是岛弧，它和海沟有伴生关系，所以就有了"岛弧－海沟体系"这个名字。岛弧－海沟体系分布于大陆边缘和大洋盆地的分界处，岛弧的凸面一般指向大洋盆地，凹面则朝向大陆，最完整、发育得最好的岛弧位于太平洋西侧；而海沟是地壳上的海中裂缝，大部分分布在太平洋、印度洋、加勒比海附近。岛弧和海沟的诞生，是板块与相邻板块碰撞的结果。大陆地壳受到挤压后便向上拱起，并发生岩浆作用形成岛弧；而大洋地壳的前缘俯冲到大陆地壳的下边，一股脑地往地幔钻，上边的洋壳被拖曳着往下倾斜，下陷成为一道深沟，即海沟。大洋地壳与大陆地壳

潜水器潜入海沟

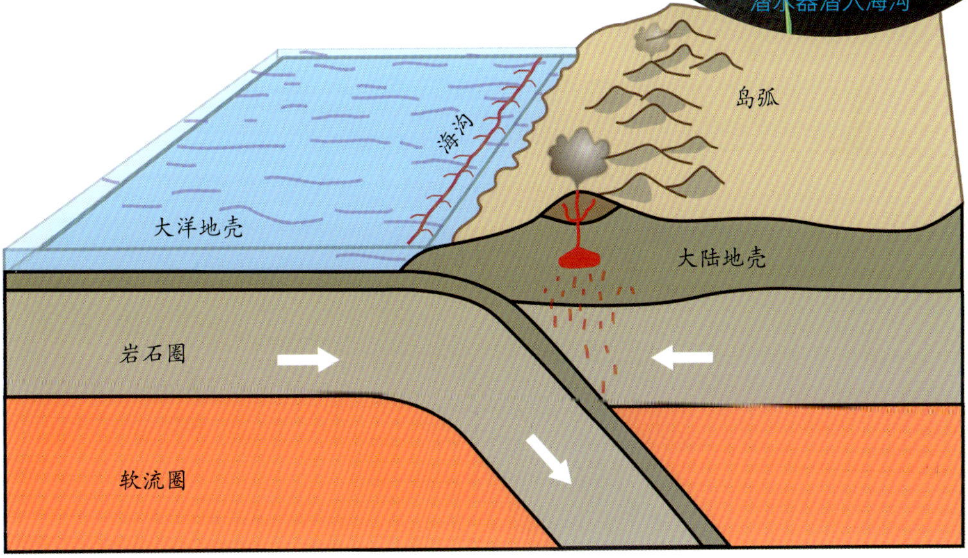

岛弧 - 海沟体系立体剖面图

海底的前世今生

的相互碰撞会引起地震和火山喷发，岛弧、海沟地区是目前世界上地震和火山活动最活跃的地方。

来到深海腹地：大洋盆地

告别了大陆边缘地带，走向大洋盆地，这是地球表面最大的地貌单元之一，也是大洋底部的主体部分，被大洋中脊和大陆边缘包围着。其面积大约是海洋总面积的45%，水深为2 000～6 000米，有的地方与大陆基相邻，有的则直接与岛弧和海沟相接。

在大洋盆地内，有一望无际的深海平原，有绵延万里的海底山脉（海山），还有广阔的海底高原，等等。各种各样地貌的存在，把海底装点得更加迷人。

平坦的深海平原

深海平原，是大洋盆地中最平缓的一部分，也是地壳最平坦的一部分。它的面积很大，约占海洋总面积的40%。

深海平原

在海底扩张的过程中，新的洋壳得以形成。它的表面原本凹凸不平，直到大量的沉积物覆盖到它的上边，才逐渐趋于平坦。这些沉积物有的来自大陆坡的浊流，还有的来自海洋生物沉淀。浊流沿着海底峡谷到达深海，逐渐沉积下来，形成沉积物下粗上细的沉积层，而持续的海洋生物沉淀也形成了粒径大小均匀的沉积层。不同的沉积物共同作用，层层沉积，让深海平原拥有了厚厚的沉积层，起伏幅度也变小。来自陆地的沉积物是促进深海平原形成的主要原因，所以在陆地沉积物供应最充分且没有海沟拦截的大西洋，深海平原分布最广。而太平洋附近海沟广布，阻拦了浊流通往大洋盆地的路，所以太平洋里很少有大面积的深海平原出现，仅在太平洋的东北部以及西太平洋的边缘海能找到它们的身影。在地中海、墨西哥湾、加勒比海等海域，深海平原的分布也比较广泛。

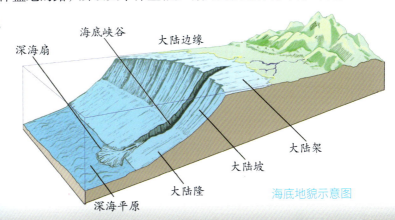

海底地貌示意图

深海平原

海山

在大洋盆地中分布着在地形上大体孤立、高出洋底数百米甚至更高、边坡陡峭的海底高地叫作海山。海山常成群成列出现，目前已知在太平洋水深 6 000 米的平坦海底上耸立着高为 4 000 ～ 5 000 米的众多海山。

挺拔的无震海岭

在大洋底，除大洋中脊外，还分布着一些线状延伸数千千米的火山链，就是无震海岭。因为分布在板块内部，地质构造较稳定基本不会发生地震，因而得名。无震海岭主要分布在太平洋海盆中，比较著名的有夏威夷海岭和天皇海岭。另外，印度洋的东经 90° 海岭是发育最长、直线性最强的无震海岭。

大洋中脊

从整体构造上看，大洋中脊也在大洋盆地范围内，不过由于大洋中脊的外部形态和内部构造的特殊性，它被科学家划分为独立的地貌单元。大洋中脊贯穿世界四大洋，长约 65 000 千米，高出海底 2 000 ～ 4 000 米，构成全球大洋中脊体系。全球大洋中脊体系是全球性的现代火山活动带。

大洋中脊的顶部叫"脊顶"，脊顶上有一条长长的口子，被命名为"中央裂谷"，脊顶两边向海底延伸的部分是"脊翼"。在中央裂谷中或裂谷壁上还分布有众多的以"黑烟囱"著称的高温热液喷口。

西马塔海底火山山顶附近的一个喷发区

发现有大量蛇尾的麦夸里海岭

四大洋底各不同 ▶▶▶

太平洋、大西洋、印度洋、北冰洋四大洋的海底地貌也各有特色。

先来看看太平洋。太平洋是四大洋中面积最大的，约占地球表面积的1/3，平均水深最大。太平洋聚集了丰富的海底地貌：有宽阔的大陆架、陡峭的大陆坡、巨大的海底盆地、宽广的海底平原，还有蜿蜒起伏的海山……太平洋几乎包揽了各种深海地貌及景观。

大西洋是世界第二大洋，总面积约是太平洋的一半。其洋底被大洋中脊等分成了大小不等的海盆。大西洋的岛屿比太平洋少得多，但星罗棋布地分布着众多浅滩和暗礁，尤其在它的东部，这种地貌很是常见。

遥看太平洋

印度洋的平均水深仅次于太平洋，为3 800多米，海底分布着一条"人"字形的洋中脊，特殊的东经90°海岭、巨大的水下冲积锥等，构成了其复杂的地貌特征。

北冰洋海底地形

还有常年与冰雪相伴的北冰洋。它的洋底的大陆架较宽广，一系列海岭、海盆和海沟等交错分布。北冰洋中部横卧着罗蒙诺索夫海岭和门捷列夫海岭，两条海岭把北冰洋海底分成了三个海盆：南森海盆、加拿大海盆和马卡罗夫海盆。南森海盆外侧有一北冰洋洋中脊，它是大西洋洋中脊的延续，虽然自然地理特征有了变化，但地震带却和大西洋洋中脊保持着连续状态。

"海山"如此多娇

    神州大地，山川明秀，有"阳明无洞壑，深厚去峰峦"的泰山、"秀吞阆风，高建杓角"的黄山……而浩瀚大洋，海山遍布。海山是世界上最常见的海洋生物栖息地之一，有甲壳动物、软体动物等，且常常珊瑚丛生，是当之无愧的"海底花园"。

陆地上有"引无数英雄竞折腰"的锦绣江山，海洋也不遑多让。海山星罗棋布地分布在全球大洋底部，是深海的主要生态景观。因为探险者的远洋探险，海山开始走入人类的视野。自从 1869 年瑞典的护卫舰"约瑟芬"号（Josephine）发现了世界上第一座被认可的海山——Josephine 海山后，迄今为止有数万座海山被相继发现。曾经，海山一直被称为"山脊""山脉"，这和陆地上的山没有区分。直到 1938 年，美国地理名称委员会在命名"Davidson 海山"时，使用了"海山"（Seamount）这个术语，海山才有了自己的专属名字。

海山上的珊瑚等生物

海山形成各不同 ▶▶▶

　　海山是由海底火山作用形成的，一般是休眠火山，但有的海山形成时间较晚，地质活动比较活跃，还会喷发岩浆。一般来说，海底上 1 000 米高的火山锥就是海山了（有时候，高度不足 1 000 米的海丘也被称为海山）。按照地貌形态来分类，海山又可以分为平顶海山和尖顶海山。平顶海山的形体较大，顶部受到剥蚀，演变成了大规模的山顶平台，上面覆盖着厚薄不等的沉积物。而尖顶海山的体积较小，顶部还没有形成大规模的平台，也很少有过厚的沉积物堆积。

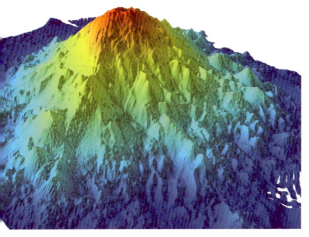

尖顶海山

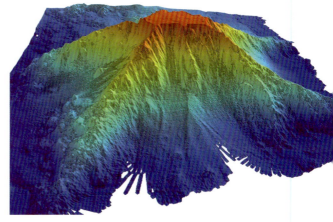

平顶海山

　　海山遍布洋底，看起来分布得毫无规律，却"乱中有序"，自有章法，这与它们形成的原因相对应。

　　科学家按照海山分布的位置和构造特征把它们细分成了三类，分别是板块内海山、大洋中脊海山、岛弧海山。板块内部、大洋中脊以及岛弧的地质活动不尽相同，使得分布在这些地方的海山的形成原因也有所不同。

板块内海山

　　绝大部分海山都是在板块内部形成，坐落于深海平原上。板块内海山常常是高大、壮硕的。从卫星图像中，你会发现它们之间经常会隔着一段距离，形成海山链。这些海山链会是偶然形成的吗？

　　在 1849 年就有人注意到海山链只有一端是活跃的，另一端则沉寂下去，并且因不断受到侵蚀而老化。1963 年，威尔逊根据火山岛屿和海山的线性分布特征以及喷发年龄有序变化的现象，提出了"热点"假说。根据威尔逊的解释，地幔中存在相对固定的岩浆源叫作"地幔柱热点"。岩浆在周期性喷发的过程中，不断穿透板块，在板块表层形成海山。由于地幔柱热点的位置基本不变，板块则在缓慢运动，这就导致已经形成的海山会最终离开热点，因而停止岩浆活动，从此沉寂下去，而热点继续活动，在板块新的位置上逐渐形成了年轻的海山，并伴随着火山喷发。链状海山不同位置迥然有别的年龄也在悄悄记录着漫长岁月里的板块运动。夏威夷－天皇海

夏威夷 - 天皇海山链

山链以近乎完美的链状曲线形态，被威尔逊视为支撑"热点"存在的重要证据，见证着大洋亿万年以来的活动。

　　当然，板块内海山也不全是大型的海山链，还有许多不规则分布的小型海山，它们没有形成链状，年龄也没有规律可循。这样的海山，可能是次级热点的产物，也可能是板块张裂岩浆上涌而成的。它们具体是如何形成的，还需要科学家的进一步研究。

大洋中脊海山

　　大洋中脊海山往往沿着大洋中脊的走向而呈线状排列，也就是说，它们通常出现在板块张裂边界的地方。那么，

大洋中脊海山便是岩浆喷涌，遇海水冷却，又经过堆积而形成的。这里的海山只高出海底几十到几百米，比板块内部的海山小得多。

岛弧海山

还记得岛弧是怎样形成的吗？它在板块的俯冲地带附近，岛弧海山也在这里。海洋板块与大陆板块碰撞，洋壳俯冲进入地幔，因为温度和压力的升高，最终变成熔融状态，并产生大量剧烈活动的岩浆，经过岩浆喷发活动，岛弧海山便应运而生。岛弧海山的个头也比较大，呈弧形分布，临近海，又因为位于板块碰撞的地方，地震活动频繁，岛弧海山往往活力四射。

总之，虽然海山都是因为火山作用而形成的，但在不同的位置，造成岩浆喷发的原因也各不相同，如果要具体地探讨海山的成因，需要仔细划分，不能一概而论。

西太平洋览"名山" ▶▶▶

中华大地有"山尽五色石，水无一色泉"的华山，有"阳明无洞壑，深厚去峰峦"的泰山，也有"秀吞阆风，高建杓角"的黄山……名山之多，令人无限向往。而浩瀚大洋，海山遍布，有没有如陆上山脉那般令人沉醉其中的呢？有那么一片海域，几乎集齐了全球绝大部分著名的海山，那就是太平洋。

在太平洋板块运动和地幔柱热点的共同作用下，一座座海山在太平洋洋底拔地而起，形成了多个海山区或者海山链，在作为目前地球上超巨型俯冲带发育区的西太平洋洋底尤甚。在全球范围里，高度在 1 000 米以上的海山超过了 30 000 座，分布在太平洋的至少占了 60%。这里有夏威夷 – 天皇海山链，也有莱恩海山链、中太平洋海山区、马绍尔海山链、威克 – 马尔库斯海山区、吉尔伯特海山链、麦哲伦海山链等，西太平洋海山更是闻名世界。相较而言，陆地山脉因为其风景之美、山势之险或者文化之厚获得旅人青睐，而很少人能有机会目睹深藏在海洋中的群山风貌。西太平洋海山之所以被誉为深海的"名山"，首先在于其令人瞩目的独特价值，然后才是奇异的风光。

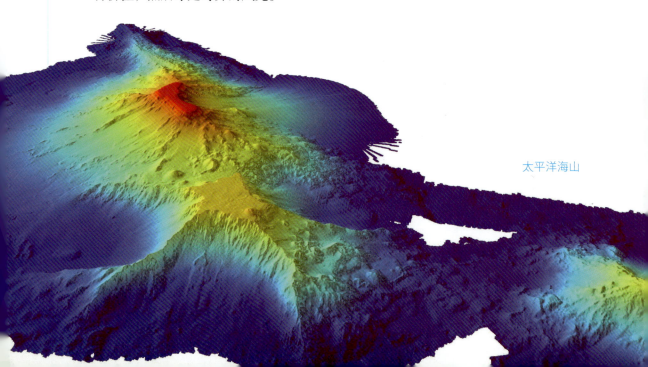

太平洋海山

"名山"因何而成名？

为什么西太平洋海山能获得国内外科学家的青睐，尤其在我国受到格外关注，这得从整个西太平洋谈起。

无论是矿产资源分布，还是边缘海的形成演化，或者是油气盆地的形成，甚至地震等地质活动，都与西太平洋板块俯冲密切相关。而西太平洋自身的实力也不可小觑，它活跃的流体活动直接影响着地球环境变化，还促进了特殊的深海生态系统的形成。

科学家凭借西太平洋得天独厚的地理位置，力争在该区域取得海洋科学理论的突破，并探寻海洋战略资源。因此，居于西太平洋的海山，也进入各领域科学家的研究视野中。

深海里的中国印记

无论是中国登山队登上珠穆朗玛峰，还是中国南极科学考察队到达南极科研基地之后，都会第一时间插上五星红旗，使之作为中国印记。在深海海山上，也同样有着中国印记。

海山名里的中国味道

世界海山数量众多，从 2010 年起，我国正式参与国际海山的命名工作。在我国浩如烟海的古代文学作品中，《诗经》以其美与真跻身于历史典籍的行列，是我国悠久而珍贵的文化宝库。它也被中国大洋矿产资源研究开发协会借用，以之为主，辅以中国历史人物姓名等文化要素，确定了具有中国风格的海山命名体系。

「海山」如此多娇

《诗经》中的"风""雅""颂"三部分，分别对应大西洋、太平洋和印度洋三个大洋。海山正式命名时，名称里同时包含专名和通名两部分：专名用来区分个体，也辅助判断海山的位置；通名则用于辨别它的类型。由于地理位置的影响，三个大洋里，太平洋中被赋予中文名字的海山最多。比如麦哲伦海山区的"采薇平顶海山"，"采薇"为专名，即这座海山专属的名字，出自《诗经·小雅》中的《采薇》，意味着该海山位于太平洋，而"平顶海山"则是它的通名。

潜入深海去"登山"

我国的"发现"号潜水器是深海"登山"的得力帮手之一。它是具有"火眼金睛"的深海机器人，由 10 盏特制的水下灯做眼睛。"登山"途中，"发现"号潜水器将所到之处的实况信息传回海面上的母船，并能随时告知其所在位置，使得船上的科学家透过屏幕便得以一睹神秘幽深又魅力无穷的海山世界。

当然，传输影像资料、提供具体位置还不是"发现"号潜水器的全部工作内容。它有两只机械臂，各有分工——左手是"豪放派"，能直接抓取 300 千克以上的岩石和生物样本；右手就是"婉约派"，负责处理更加精细的采样作业。"发现"

"发现"号潜水器入海

号潜水器采集上来的这些大小不一、种类各异的样本之后便被研究人员严格地整理分类，成为珍贵的科研材料。

深海探测工作十分繁重，除了"发现"号外，我国还研制了其他深海利器，比如大名鼎鼎的"蛟龙"号载人潜水器。"蛟龙"号载人潜水器，能同时搭载三人潜入深海。2012 年

"发现"号潜水器发现的铠甲虾

"发现"号潜水器发现的柱星螅

「海山」如此多娇

"蛟龙"号载人潜水器入海

时，"蛟龙"号载人潜水器最大下潜深度就已经突破 7 000 米，其工作范围可覆盖全球 99.8% 的海洋区域。"蛟龙"号载人潜水器长 8.2 米，可以轻松自如地侧移和悬停定位，能够对深海环境进行近距离拍摄和遥控精确取样。它采集到的科研样本，对深海探矿、精密测量海底地形以及深海生物考察等许多方面都是珍贵的、不可缺少的样品材料。

这些"石头"不简单

海底的山坡上有很多岩石。其表面凹凸不平，常常呈现出层壳状，少数为砾状、结核状，看起来十分粗糙，颜色

也都是乌黑或者暗褐色的，显得暗淡而质朴。这些凹凸不平的岩石表面其实是一种结壳，层壳厚度为 2 ~ 4 厘米，内部有平行纹层构造、柱状和斑纹状结构。这些在海底毫不起眼的黑色结壳，在科学家的眼中却珍贵无比，这就是富钴结壳，又叫铁锰结壳，在西太平洋海山区十分常见。海山等的顶部和上斜坡区由于坡度小、底岩长期裸露、缺乏沉积物或沉积物层薄，是最容易发现富钴结壳的区域。

经科学家检测后发现它钴的含量很高，所以富钴结壳就有了现在的称呼。富钴结壳蕴含的金属元素种类繁多，除了钴之外，还有镍、铜、锌、铅、铂以

富钴结壳样品

及稀土元素等。所以富钴结壳作为一种重要的深海战略资源，备受各国重视。又因为与其他岩石样本相比，富钴结壳往往存在于水深800～2400米的海区，开采难度大大降低，要花费的开采成本也随之下降，所以被认为是具有巨大经济价值和开采潜力的深海矿产。

如果按照形态进行分类，富钴结壳可以分为结壳、结壳状结核和结核三大类。其中，结壳是主要类型，结核常常是球状、瘤状，并且表面比较光滑，而结壳状结核是结壳和结核的过渡型。在"发现"号潜水器从麦哲伦海山采集的样品中，这三种类型的富钴结壳都包含在内。除此之外，多金属结核、多金属硫化物等天然矿物也可以在海山区找到。

深海花园 Sibelius 海山

"海底花园" ▶▶▶

海山是世界上最常见的海洋栖息地之一，不仅是多毛类、甲壳动物、软体动物、线虫、海绵动物、海葵的家园，更是深海珊瑚和许多具有重要商业价值的鱼类的生活宝地。据报道海山及其周围的珊瑚丛里栖息着1 300多种动物，如大西洋大角鲷、红鲷(鹿角鲷)等鱼类，

海山岩鱼

还有许多生活在中上层水域的鱼类（如金枪鱼）也经常聚集在海山附近，以至于海山的一些大型鱼类数量是相邻大陆坡的近四倍。海山区珊瑚丛生，鱼虾游走，连带冷硬的山石也变得惹人喜爱，是当之无愧的"海底花园"。

"海底花园"的形成

因为地形构造的影响，海山区形成了独特的环境特征，比如海流与海山地形相互作用而产生的海山涡流等特殊的海山水文特征、海底山崩和海底火山爆发所产生的环境效应。其中，海山水文环境是最突出的环境特征之一，是建成"海底花园"的大"功臣"。它与海山地形相结合，关系到海山浮游生物的聚集、营养物质的输送以及生物群落的组成等多个方面。具体来说，海山水文环境主要有上升流输送、地形诱捕和海流水平输送三种自然机制，它们分别在浅海海山、中等深度海山和深海海山发挥着作用。

上升流输送

在深海，当水平流动的海水遇到突出的海山阻挡时，便沿着海山的形状向上流动，直达山顶，从而形成上升流。

在这个过程中，海山底部大量的营养盐被上升流输送到山顶附近。当然，

生活在海山上的底栖生物

西太平洋的海山生物

海水流速变化、海洋环境扰动或潮流周期性变化所引起的湍流、内波和潮汐运动等，也为海山周围海水的垂直混合提供了助力。稳定的海流受海山阻碍，并受到地球自转的影响，在海山周围形成一个柱状的涡流结构，即泰勒柱。

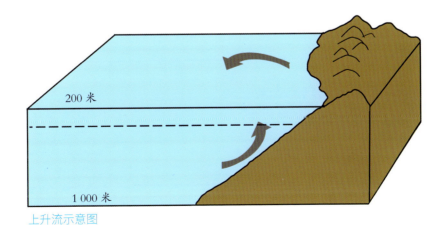

200 米

1 000 米

上升流示意图

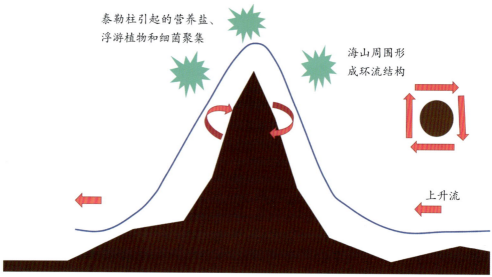

泰勒柱引起的营养盐、浮游植物和细菌聚集

海山周围形成环流结构

上升流

泰勒柱示意图

因为泰勒柱的存在，许多的营养盐等都留在海山上方，浮游动物以之为食，其他海洋动物也被丰富的食物所吸引，纷纷在海山上方聚集。

地形诱捕

很多浮游动物具有昼夜垂直运动的生活习性。它们白天在特定的水层中活动，黄昏时开始向上运动，夜晚已经来到靠近海面的真光层水域觅食了，随着黎明的到来又开始下降，最后返回白天停留的特定水层中。然而，在它们垂直运动的过程中，部分浮游动物不幸被困在海山的山顶和两翼，很容易成为捕食者的美食，这就形成了地形诱捕。

由于浮游动物白天下降的最深水层大约为 400 米，当海山的山顶位于水深 400 米以浅、真光层以下的水域里时，地形诱捕发挥的作用最大，其次是浅海海山，最小的是深海海山。这是由浮游动物垂直移动的范围决定的。浮游动物夜晚来到真光层，白天降至水面以下 400 米左右的水层，处于中等深度海山的山顶可以对所有下降的浮游动物都产生地形诱捕，被困的浮游动物也就最多；而浅海海山山

生活在海山上的海绵和鱼

顶进入真光层，深海海山的山顶所处的深度则远远超过了400米，很难困住浮游动物。

总之，地形诱捕促进了浮游动物携带的物质和能量向食物链更高一级的营养级传递，如此周而复始，海山的高生物量便得以维持下来。

海流水平输送

上升流是海水的垂直运动形成的，而水平流动的海流却可以将其他水域的浮游动物、营养盐以及其他悬浮颗粒物源源不断地输送到海山水域。海流带来的物质中，悬浮颗粒物可以促进底栖生物的生长，使得海山底栖动物的新增幼体对底栖生物数量进行了补充，营养盐能对海山初级生产力产生影响。此外，海流也有利于受到地形诱捕的浮游动物数量的补充——捕食者利用白天视线较

好可以轻而易举地捕获到大量浮游动物，而海山的浮游动物数量有限，海流携带的浮游动物正好对其进行了补充。就这样，在各方面的共同作用下，海山区就维持了高生物量。

与海流水平输送机制相关的还有"捕食－休息"假说。在海流水平输送时，以浮游动物为食的海山鱼类可以迅速捕食；当食物稀少时，它们就巧妙地利用海山的地形，为节省能量而尽量保持静止状态，等到下一次水平输送时再次迅速出动进行捕食。这个假说的一个代表生物就是胸棘鲷。它们生长缓慢，肌肉发达，常常在地形掩护下长时间处于静止状态，是海洋里十分长寿的鱼类之一，寿命可达100年。"捕食－休息"假说合理推测了海山鱼类对海流水平输送浮游动物的高效率利用，而这也对海山区高生物量的维持具有重要意义。

胸棘鲷

畅游"海底花园"

也许有一天你在这座"海底花园"里游览，脚下是白色的有孔虫砂或珊瑚砂映衬着的黑黝黝的岩石，或许你还能看到富钴结壳。

深海潜水器的机械臂将一块富含钴的岩石分离开来

"蛟龙"号载人潜水器采回的砾状富钴结壳

放眼望去，成片的海绵场和珊瑚林在水中摇曳生姿，蔚为壮观。

看这株淡粉色的竹柳珊瑚，它在水中亭亭而立，整个躯干竭力舒展，妩媚中蕴含力量，勾画出曼妙的形态，透着一抹清雅，几许妖娆。它和明艳的黄色海百

珊瑚林

竹柳珊瑚

海百合

玻璃海绵

合比邻而居，旁边就是洁白得不掺有一丝杂质的玻璃海绵。在灯光的照射下，三者交相辉映，瑰丽动人。

　　海绵是海洋里的古老居民，在古生代的寒武纪之前就已经出现，距今已有6亿年以上。据统计，海洋里的海绵有 10 000 多种，是一个庞大的家族。虽然经历了几亿年的进化，但它们仍然没有组织器官的分化，普遍没有口腔和消化腔，是

偕老同穴海绵

「海山」如此多娇

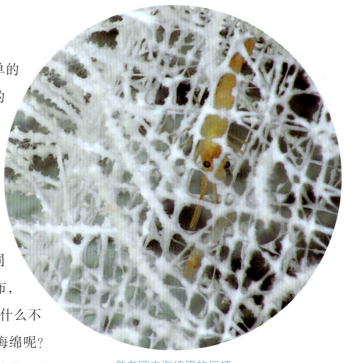

多细胞动物中最原始、最简单的一个类群。线条优美如花瓶的玻璃海绵就是万千海绵里的一类。2013年以来，我国科学家利用自主研制建造的"蛟龙"号、"发现"号等深海潜水器在太平洋、印度洋等海域的海山多次发现了偕老同穴海绵。其身体细长、孔洞密布，看起来和普通的玻璃海绵没有什么不同，那它们为什么叫偕老同穴海绵呢？这是因为其体内的空腔里生活着一雌一雄一对俪虾！当俪虾还是幼虾时，由于个体小，可以自由出入宿主海绵的孔隙。幼虾长大后被困在海绵体内，再也出不去了，但它们也有了庇护所，便从此"相伴到老"，实现了"生同衾，死同穴"的"誓言"，也成就了这种海绵"偕老同穴"的美名。

偕老同穴海绵里的俪虾

2014年，我国科学家在雅浦海山还发现了捕蝇草海葵。捕蝇草海葵用触手捕捉接近的猎物，因形似陆地上的食虫植物捕蝇草而得名。它喜欢生活在已经死亡的海绵或珊瑚附近，伸展触手，随波翩然舞动。

捕蝇草海葵

生活在海山上的海鳃和海虾

　　在海底花园里，还有五颜六色的海鳃、形如水杉树叶的裂黑珊瑚、浑身长刺的海胆、散发着珍珠般幽幽荧光的深海扇贝、可爱的海星和浑身通红的海虾……种种生物，令人目不暇接。海鳗、海蜥鱼和深海狗母鱼也经常优哉游哉地在珊瑚丛中穿梭，鲸和海豚等迁徙性哺乳动物以及以鲨鱼为代表的海洋顶级捕食者经常停留在海山附近，因为这里是它们觅食、休息和繁衍的天堂。所以，

生活在海山珊瑚上的海蛇尾（红色者）

「海山」如此多娇

深海角珊瑚

这些深海动物的色彩和姿态一个赛一个唯美而神奇，它们远离喧嚣陆地，在深海淋漓尽致地挥洒活力，走过一生，也让造访此处的人们惊叹不已。不过，它们张扬的生命力也特别脆弱。由于深海自然条件的限制，它们往往需要很久才能繁衍后代，并且生长率低、繁殖力差，难以承受人类频繁的大规模侵扰。比如那些种类各异、千姿百态的珊瑚和海绵，若是受到破坏，往往需要几十年甚至数百年的时间才能恢复。

海山又被冠以"海洋动物的加油站"的美名。得益于丰富的生物资源，海山常常是大洋渔场的所在地，所以在有海山的海域，经常能看到渔船。

为了更好地保护这座"海底花园"，科学家们进行了很多的基础研究。近些年，我国的深海研究取得了辉煌的成就，但还有许多空白，需要我们不断前行。

"蛟龙"号载人潜水器在采薇海山采到的冷水珊瑚和海星

海洋的脊梁——大洋中脊

海洋的脊梁"大洋中脊",是世界上最长的海底山脉,也是世界上最长、最宽的环球性洋中山系。它犹如海中巨龙,贯穿四大洋。

海洋中有条"龙"匍匐于海底，整日沉睡，只在地质活动时才会苏醒。它贯穿四大洋，是地球固体圈层表面的一部分；它与海底地形的形成和演变息息相关，就像海洋的守护神。有的人喜欢称赞它为巍峨的"海底长城"，而更多的人爱称它为"海洋的脊梁"。人有脊梁，故能立于天地之间；而海洋的脊梁，则决定着海洋的"成长"——它就是大洋中脊。

寻"龙"往事 ▶▶▶

大洋中脊身体庞大，又躲藏在海底，一次偶然的调查发现，让它露出了冰山一角，多年之后，人们才对它的全貌有了较为完整的了解。

惊鸿一瞥只是空

1872 年，英国开始了对全球海洋的系统考察，科学考察队乘坐"挑战者"号科学考察船驶向茫茫大海。一路上，科学家测量海水深层水温，研究水温和季节变化的关系；他们采集了大量的海洋生物标本，发现了数千种新的海洋物种，更测量出了调查水域的水深情况……这次历时三年五个月的科考活动收获颇丰，给了人们无数的惊喜。在利用测深锤测量水深的时候，科学家发现北大西洋中部的水深反而比其他地方的浅得多，又进一步研究得知，这里有一条南北走向的巨大隆起。这个新发现，让科学家十分惊奇，但受限于当时的科研条件，他们只推测这是曾被人类遗忘的普通海岭，没有想到新发现的海岭并不仅仅在这片海域存在。这段海岭，其实就是北大西洋洋中脊的一部分。

"挑战者"号科学考察船（绘图）

"黄金梦"里现巨龙

第一次世界大战结束后，这时的德国正处于战败的萧条期，物资粮食紧缺。一位名叫佛里茨·哈勃的化学家通过计算发现，1立方千米的海水里可以提取出5吨左右的黄金，可解国家的燃眉之急。政府官员们闻言，纷纷乐得合不拢嘴，专门提供了一艘名为"流星"号的海洋调查船来支持他的研究工作。哈勃乘坐"流星"号海洋调查船，兴致勃勃地驶入大西洋，开始了从海水中提取黄金的巨大工程。但是，他忽略了一个致命问题：1立方千米的海水，足足有1亿吨重！黄金在海水中的含量极少，即使在今天，将它提取出来的可能性也微乎其微，何况在那个科技水平还相对落后的时代！哈勃等人的海上淘金注定以失败告终。

果然，几年过去了，哈勃团队所获无几，"流星"号海洋调查船科考活动走入困境，而转机也在这时候来临——1925年，船上新添了一个"宝贝"，即回声探测仪，它就像一只眼睛，可以帮助船上的人粗略地看到海下的真实状

"流星"号海洋调查船

况。这时候人们才发现，在大西洋中部一带海水变浅了，自东向西约有 1 000 米的范围都是如此，也就是说，大西洋中部的海底有一块面积巨大的高地。有了新发现，哈勃开始精神抖擞地带领队员潜心收集调查资料，用了将近三年的时间，逐渐勾勒出这条"巨龙"的英姿。沿着这条"巨龙"的走向，接下来的数十年里，印度洋洋中脊和东太平洋洋中脊最终被科学家一一揭开了神秘面纱。

两项计划访巨龙

第二次世界大战后，科学技术有了日新月异的发展，孜孜不倦地探索海洋奥秘的科学家得益于船载声学设备的优化，在大洋中脊的研究基础上又向前迈出了一大步。20 世纪 50 年代，地质学家便已经知道在各个洋底发现的那些海岭，不是孤立存在的，而是相互连接的。这个发现可不得了，不仅更新了人们对海洋的认知，也带来了许多亟待解决的新问题，这条海底的"巨龙"是怎么出现的？它为何能贯穿四大洋而不中断？为什么沿着中轴线还有一条幽深的中央裂谷与它形影不离？……种种问题促使科学家们跃跃欲试，都想尽快搞清楚有关它的秘密。

20 世纪 60 年代，有关海底扩张和板块构造的学说冲击了科学界的既有判断，要想验证新学说的正确性，就得进行实地考察。

终于，在 20 世纪 70 年代初，法国和美国联合实施了"法摩斯计划"。两国的研究者将研究区域选定在大西洋亚速尔群岛的一个中央裂谷带，被称为"法摩斯区"。1973 年 8 月，科学家乘坐"阿基米德"号深海潜水器首次下潜，在洋底发现了巨大熔岩流，熔岩倾泻下来，让目击者惊叹不已；有的地方还林立着黑色柱子，周围的大海蟹张牙舞爪，水母软软地静卧一旁……这种景色谁也未曾见过！最终，科学家将在这片海域里发现的大量的新鲜熔岩、年轻的火山丘、平行于裂谷延伸的断层和裂隙等综合起来分析，最终认定大洋中脊的确是洋壳生长和扩张的场所。"法摩斯计划"历时 4 年告终，采集岩石标本 2 吨，拍摄照片 10 万余张，还录制了 100 多个小时的视频，甚至拍摄了一部彩色电影，并绘制出了精确的海底地形图和地质图，可谓硕果累累。

无独有偶，1977 年，法国、美国和墨西哥三国联合，又实施了"里塔计划"，这次行动将海域选在东太平洋。在加利福尼亚湾出口的南面，有"里韦拉"和"塔马约"两条断裂带，位于它们中间的洋中脊就是这次的重点研究对象，而"里塔"一名也是来自两条断裂带的名字。这次科考活动同样让人们对大洋中脊的地壳构造、火山活动等有了新的认识。紧接着，20 世纪 80 年代，以大洋中脊为主要研究对象的"国际岩石圈计划"，为海洋岩石圈性质和动力过程的研究提供了极大的助力。

就这样，大洋中脊虽然安安静静地躲在深海之中，但终于被人类所发现。它的发现，使整个地球科学发生了翻天覆地的变化，甚至让人类对地球的认识也迈出了一大步；它的发现，使曾经备受冷落的"大陆漂移"说重获新生，并促使"海底扩张"说的诞生，从而进一步发展成被当今世界广泛认可的板块构造理论。

大洋中脊的庐山真面目 ▶▶▶

大洋中脊长约 65 000 千米，是世界上最长的海底山脉，也是世界上最长、最宽的环球性洋中山系。

近处细观摩

大洋中脊的长度虽然堪称世界之最，却不如我们想象的那么完整连贯。它常常被无数断层截成一段一段，脊背上的中央裂谷又大致沿着中轴线的位置将它纵向分成两半。

中央裂谷的形态与陆地上的山谷类似，就像大自然用一把巨大的刀把大洋中脊沿着中轴线劈开以后留下的痕迹，由于用"刀"的力度和"刀"法在不同大洋有所不同，所以留下的痕迹也形态各异。大西洋洋中脊的中央裂谷就仿佛是大自然费了九牛二虎之

大洋中脊的一部分

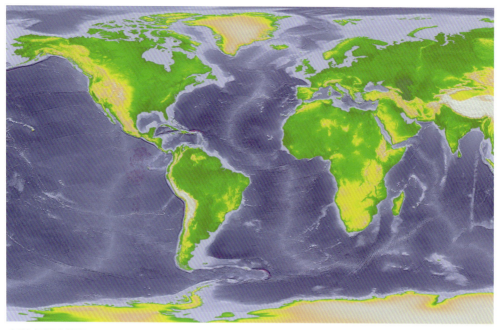

大洋中脊地貌图

力一"刀"砍下去，再沿着裂隙朝两边掰开之后形成的。"刀"的力度在东太平洋洋中脊那似乎小了很多，因为那里的中央裂谷宽度不到 1 000 米，深度也不到 100 米。当然，造成这些现象的原因是大洋中脊的不同位置新生成地壳的扩张速度不同。地壳扩张速度快的大洋中脊会呈现类似于东太平洋洋中脊的结构，扩张速度慢的则更像大西洋洋中脊的结构。这里的扩张速度快慢也有一个参照标准，就是每年的地壳扩张距离如果超过 5 厘米

这个标准数值，扩张速度就比较快，反之则比较慢。

倘若以大洋中脊的中轴线为基准，就会发现它几乎是两边对称的模样，从中轴线向脊翼过渡的过程中，水深逐渐增加。以大西洋洋中脊为例，中轴线处的水深平均有 2 500 米，但它外沿的水深则至少有 5 000 米。这又是什么原因呢？原来，中轴线附近的洋壳是最新形成的，温度略高于其他地方的洋壳，故密度也比较小。假设中轴线附近的洋壳和外沿的洋壳重量一样，那么中轴线处

的洋壳体积会明显大一点，所以就显得高一些。慢慢地，千百年过去后，地质活动促使中轴线处的洋壳向外移动，它的温度降低，密度逐渐增大，便会慢慢向下沉，所以就显得矮了。

大洋中脊表面也只有极薄的沉积物覆盖，有的地方甚至没有沉积物。离开了沉积物的缓冲与填补，它的嶙峋锐利基本保留了下来，淋漓尽致地展示了它粗犷不羁的外表。而脊翼附近尽是海山群和深海丘陵，沉积层也从脊顶开始向两侧逐渐增厚，所以这里的地形起伏渐趋平缓，一直往下过渡到深海平原。整体看来，大西洋洋中脊和印度洋洋中脊的地形更崎岖一点，东太平洋的则比较宽缓。

鸟瞰得全貌

绵延近 65 000 千米的大洋中脊，宽度为几百至数千千米，面积更是占世界大洋总面积的 33% 左右，其他的海岭和它比起来，都会显得娇小可人。

若是在高空俯瞰大洋中脊，它在不同大洋里的身姿会映入眼帘。大西洋洋中脊，位于大西洋中部，北起北冰洋，向南蜿蜒而下，几乎与大西洋两侧的海岸平行，就这样延伸到南纬40°左右，它开始朝东南方拐弯，经过非洲大陆南端和印度洋洋中脊连接。大西洋洋中脊的脊翼略陡峭，中部有东西走向的支脉，横向有多处大断裂，这让它的身体扭成了一个近 S 形。有几段大西洋洋中脊露出了海面，变成了岛屿，其中最著名的当数冰岛和亚速尔群岛。

印度洋洋中脊大致位于印度洋的中部。它北边的一段沿着西北方向一路北去，直到红海—东非裂谷；南边的一段

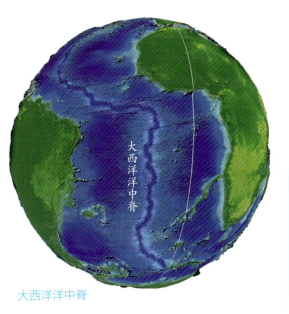

大西洋洋中脊

延伸到南纬 20° 的位置时出现分叉，变成东南、西南两支。西南的分支绕过非洲南部与大西洋洋中脊相连，东南走向的一支则直接绕过澳大利亚南部后与西南太平洋洋中脊的南端相接。印度洋洋中脊的身体不像大西洋洋中脊那样全身扭曲，而是舒展成"入"字形"躺"在印度洋洋底。

　　比起大西洋洋中脊和印度洋洋中脊，太平洋洋中脊显得格外低调。它的脊翼比较平缓，因为位置在太平洋的东南部，也被称为"东太平洋海隆"。它从北美洲西部海域开始，一路南下，走向是弧形的，待转到秘鲁外海之后，又继续向正南延伸，几乎与南美洲西海岸平行。在南纬 20°，又右转朝西边走，绕过澳大利亚南部，最终与印度洋洋中脊的东南分支衔接起来。

　　就这样，大洋中脊的足迹遍布地球，以雄伟庞大的身躯成为海洋的"脊梁"。

冰岛，大西洋洋中脊的陆上部分

大洋中脊藏乾坤 ▶▶▶

大洋中脊虽然没有光华四溢的外表，甚至因为表面的粗糙，还透着一丝野蛮气息，但在不同洋底的姿态和走向以及身上的种种痕迹，都蕴藏着大自然的鬼斧神工，看似普通，却见证了地球亿万年的成长岁月。关于海洋的很多秘密，都有它的参与。

洋壳的年龄分布

正是因为海底的扩张，洋壳才有了周期性的更替，海底因此比海水年轻。那么，既然海底扩张是由大洋中脊的地质活动引起的，大洋中脊和海底的年龄构成会不会也有直接关系呢？

地表之下的岩浆，顺着大洋中脊的中央裂谷上涌，形成新洋壳，而新生成的洋壳以大洋中脊为对称轴，向大洋中脊两边推开已有的洋壳。也就是说，最年轻

大陆地壳

海洋

洋壳

上地幔

洋壳示意图

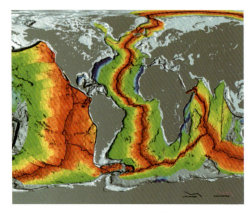

洋壳的年龄（红色代表最年轻的洋壳，蓝色表示最古老的洋壳）

的洋壳都在大洋中脊上，而离大洋中脊越远，海底的年龄就越大。洋壳的年龄便是这样以大洋中脊为基准，向两边有序地增长。如果从整体上来看各大洋的海底年龄分布，不难发现，洋壳就像十分遵守海洋规则的人一样，按照长幼顺序有序排队，构成海底的一部分。再结合板块运动的原理，就能进一步看出，大洋中脊正是板块的生长边界，因为这里陆陆续续地产生新的洋壳。

总之，洋壳在大洋中脊处生成，又在板块与板块的撞击中消亡。在几十亿年的漫长岁月中，大洋中脊处就这样不断上演着循环往复、生生不息的剧目。

大洋中脊也会造海岛

海底有很多高大的海山会露出海面，形成岛屿。作为海底最大的山脉，大洋中脊有时也会露出水面，它所形成的独特地貌与海洋风光相辅相成，构成海上的靓丽风景，最有代表性的便是由大西洋洋中脊露出海面而形成的冰岛。

冰岛是裂开的

冰岛位于北美洲板块和亚欧板块的交界处，也是大西洋洋中脊的最北端。在这里，你可以看到河流蜿蜒而过，湖泊晶莹如星辰，还有宽窄不一的裂缝遍布岛上。有一条宽度能容一人通过的大裂谷，走进去，你的身体两侧便是高达

冰岛辛格韦德利国家公园大裂谷

海洋的脊梁——大洋中脊

20 米的断崖，绵延向远方。这条断崖是大洋中脊和冰岛地表岩层的一个完整剖面，在它的身上，铭刻着地质演变过程：漫长岁月流逝，大洋中脊的地质活动始终没有停歇，熔岩涌出，层层堆叠，冷却后就变成了柱状玄武岩，断崖岩层之间的节理分布，就是大洋中脊地质活动历史的记录。

美国远程操纵潜水器在失落之城（位于大西洋洋中脊和亚特兰蒂斯转换断层的交会处的一个地区的海洋碱性热液喷口）考察时采集玄武岩

在"希尔弗拉"裂缝潜水，可以一手抚摸美洲板块，一手触及亚欧板块

在大大小小的裂缝中，还有一条名为"希尔弗拉（Silfra）"的裂缝，被誉为"世界上最奇特的潜水点"，因为它是唯一一条位于两个板块之间的潜水窄缝。这条裂缝长达百米，从湖畔倾斜而下，最深的地方有 70 米。如果你在这里潜水，左右手臂伸开，抚摸断崖，就能在同一时间触摸到美洲板块和亚欧板块！

冰火颂歌

　　火山地貌也是冰岛的一大特色。站在这里，极目四望，你能见到弧线优美的复式火山锥、大小不一的火山台地，还有由高黏度熔岩堵塞火山口所形成的火山穹丘。火山活动的密集，使冰岛拥有丰富的地热资源。这里有温度达到250℃的高温蒸气田，也有温度不超过150℃的低温地热田。同时，冰岛的位置靠近北极，冬季漫长，岛上气候注定寒冷，因此冰川也相伴而生。将这样两个极端的环境融为一体，"冰火魔岛"的赞誉非冰岛莫属。

　　由大洋中脊一手造就的冰岛，是地球上的奇迹。这里冰川与火山同在，亚欧板块与美洲板块之间的相

冰岛上蜿蜒的河流

海洋的脊梁——大洋中脊

互作用。炽热岩浆涌出，不断填充进裂隙，又融化了厚达几百米的冰雪，形成洪水。而寒冷又使冰雪继续"生长"，再次覆盖住休眠的火山口，等待着下一次喷发。就这样，冰与火的魔法将冰岛雕刻而成，在冰火碰撞中奏响大自然的华丽乐章。

冰岛上的火山

深海海底的"烟囱"——热液

　　大洋中脊的附近常常升腾起滚滚烟雾,就像立起了一座座喷云吐雾的烟囱,俨然成了一座海底的工业基地!可是,深海里怎么会有那么多烟雾呢?让我们走近给深海地貌增添了一抹浓郁神秘色彩的海底热液吧。

洋壳的运动导致海底出现了大大小小的很多裂谷，有的裂谷会有岩浆喷涌而出。海水会顺着地表裂隙下渗到地表之下数千米的地方，和那里炽热的熔岩接触，产生一系列化学反应，形成高温热液流体，又在压力和浮力等外力作用下，以流体或者气体的形式重新沿着裂隙喷出海底，将熔岩的热能和矿物质携带而出。喷出来的流体或者气体一跃数百米，又横向扩散数千米，同时，海底的海流又会让它的上升方向有所偏移，不会形成笔直的烟雾柱。大洋中脊附近的那些烟雾柱，就是这样来的。因为温度远远高于周围的海水温度，所以它被命名为"热液"。

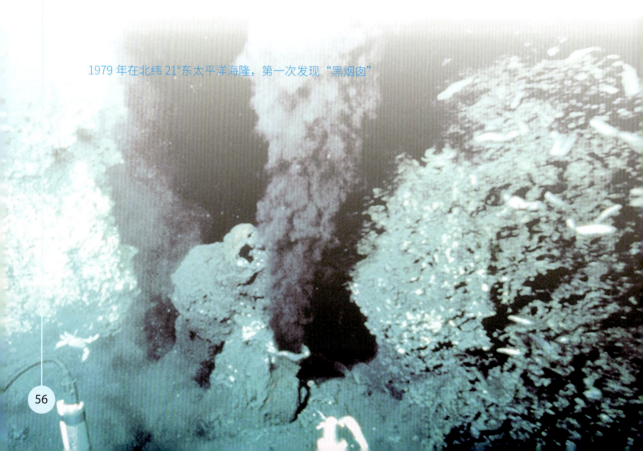

1979 年在北纬 21°东太平洋海隆，第一次发现"黑烟囱"

初识热液"烟囱" ▶▶▶

遇见"烟囱森林"

20世纪六七十年代，科学界在各种考察中已经注意到热液活动的存在。1972年，美国科学家在加拉帕戈斯裂谷考察时，发现这里的底层水温异常高。1977年，来自美国的毕肖夫博士等三位科学家乘坐著名的"阿尔文"号深海潜水器到东太平洋洋中脊附近，在那里的海底大裂谷进行科学考察。

一切工作都进行得很顺利。"阿尔文"号缓缓下潜，配置的探照灯将所到之处照得通亮。在下潜至 2 500 ~ 2 700 米水深时，科考队员突然看到裂谷底部立着一排排高大如烟囱的柱子，黑色或者白色的烟雾呼呼地从中冒出来，使整个谷底烟气腾腾，就像一片"烟囱森林"。经过测量与估算，科学家判断这些"烟囱"高 2 ~ 6 米，喷射而出的烟雾温度高达 380℃。这些滚滚烟雾原来是一种金属热液喷泉，里边包含着多种矿物质，因为猛然脱离高温环境，在海水的冷却作用下，这些矿物质立刻凝结成硫化物沉淀下来，所以在"烟囱"周围还凝结出了黑、白、红、黄等颜色各异的金属小丘。

这是热液"烟囱"第一次正式走进人们的视野。后来，不少国家的海洋调

"阿尔文"号深海潜水器

查者先后在几十处海域发现了类似的海底热液活动。目前，全球已经发现了600多个热液活动区。除了大洋中脊的裂谷，我们还能在海底断裂带和海底火山附近找到它们，此外，在大陆边缘受到洋壳俯冲挤压的地方往往伴随着火山喷发，因此在板块活动活跃的区域也很容易找到热液"烟囱"的身影。

1977年，科学家利用"阿尔文"号深海潜水器在东太平洋发现的热液喷口（380°C）"黑烟囱"

黑烟滚滚的热液"烟囱"

走近古热液区

在 20 世纪 80 年代末，日本和法国组织科学家进行联合考察，在斐济群岛北部海域发现了南太平洋最大的热液"烟囱"群。几千根底部直径约 5 米、高度约 15 米的"烟囱"成排林立在 2 000 米水深的海底，分布区长达 1 000 米。由于这里的火山已经停止了活动，这些"烟囱"也结束了它们的使命，不再冒出滚滚烟雾。然而，除了一些地区的热液活动只有几十年光景之外，在正常的海底条件下，大部分热液"烟囱"一旦形成，就能存在几千年到几万年不等，所以，这些不再冒烟的"烟囱"大都是目睹了海底活动的"元老"了！其珍贵程度不言而喻。

由于热液"烟囱"的形成又和热液活动有着紧密的联系，随着热液活动的减弱和停止，海底"烟囱"也会逐渐溶解和坍塌，或者逐渐被沉积物埋藏，这就造成了海底古热液区分布有限、标志不明显等问题。

迄今为止，全世界科学家所寻找到的数量有限的古热液区中有两处是我国在 2018 年 5 月发现的，分别被命名为"南溟"和"楼兰"。其中，"南溟"热液区拥有大量的古热液"烟囱"和热液硫化物，跨度至少有 700 米长，已是一个不小的古热液区了。

我国首次在南海海底发现的古热液区及采集到的样品

深海海底的「烟囱」——热液

"烟囱"世界里的黑与白

热液虽然来自洋底之下，并且富含多种金属以及其他微量元素，但它原本是无色透明的流体。喷出洋底后，热液与温度只有4℃左右的海水混合并发生化学反应，变成了黑色或白色的溶液，并迅速冷却下来。其携带的金属物质便逐渐沉积，形成矿物堆，这便是我们所看到的海底"烟囱"。它的高度从几米到几十米，最高的能到百米，直径差距也大，细的几十厘米，最粗的能达到十几米，有的"烟囱"甚至形成了一个小丘。"烟囱"不是一蹴而就生成的，而是在不断地"生长"。持续的热液活动所导致的矿物质沉积就是让它们"生长"的根源。

由于热液带出来的矿物质化学成分有差异，所以形成的"烟囱"颜色也有区别：如果含硫化物比较多，喷出来的热液便是黑色的，这就是海底的滚滚黑烟雾，其所形成的喷口颜色也是黑色，又因为热液区硫化物

海底热液形成示意图

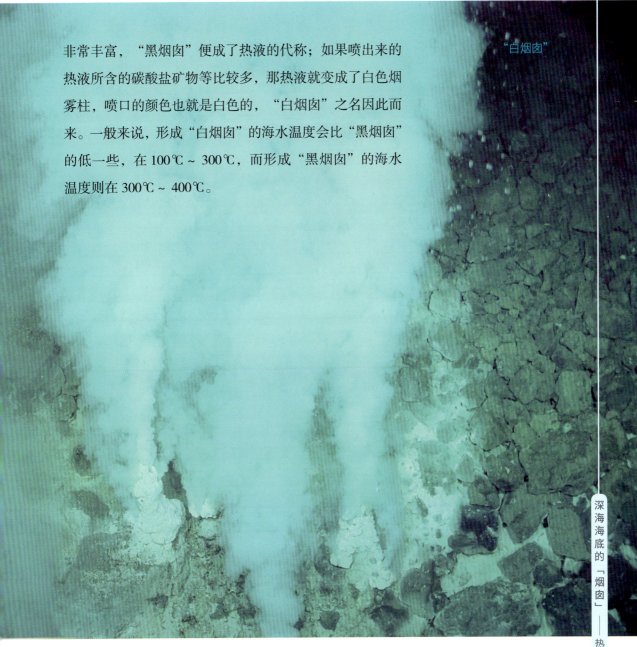

非常丰富，"黑烟囱"便成了热液的代称；如果喷出来的热液所含的碳酸盐矿物等比较多，那热液就变成了白色烟雾柱，喷口的颜色也就是白色的，"白烟囱"之名因此而来。一般来说，形成"白烟囱"的海水温度会比"黑烟囱"的低一些，在100℃～300℃，而形成"黑烟囱"的海水温度则在300℃～400℃。

"白烟囱"

深海海底的「烟囱」——热液

中国科考船"大洋一号"在西南印度洋多金属硫化物合同区抓取到水深 3 221 米处的底质玄武岩和沉积物

从南大西洋洋中脊水深 2 579 米的海底采集到的重约 3 吨的块状硫化物样品，是目前我国采集到的单体最大的块状硫化物样品（郑文斌摄）

搭建热液矿床 ▶▶▶

热液"烟囱"虽然其貌不扬，但热液所携带的那些矿物质的价值却非同小可。在海底热液喷口附近，随处可见多金属硫化物的沉积，这些硫化物富含金、银、铜、锌、铅等多种金属元素，是具有较高经济价值的重要矿产资源。这种多金属硫化物，也叫热液硫化物，构成了全球热液区域上千吨甚至上亿吨的海底矿床。多金属硫化物，除了在大洋中脊或者弧后盆地扩张中心外，其他地方很少能找到它，并且它对大洋中脊"情有独钟"，我们今天所发现的多金属硫化物有65%都分布在那里。人们对热液的勘探活动还在进行中，仅大洋中脊而言，尚有 70% 左右的区域没有进行过有关热液的科考活动，有着很大的探索空间。

海底矿床不是朝夕之间就能形成的，需要经过数万年的积累。而假设把形成这样大面积热液矿床所用的时间尽可能缩短，就能呈现出一幅十分壮观的图景：光线昏暗，水流涌动，大洋中脊附近不断有烟雾升腾而出，这些烟雾凝结成了无数的"黑烟囱"或"白烟囱"，它们不断生长，个头越来越大，又突然坍塌落地，四溅开来，为海底矿床的建成添砖加瓦。虽然矿床的形成需要漫长的时间，但热液活动区远不如其他深海地貌一样动辄就存在千万年，从开始喷发到最终"死亡"的几千年到几万年（有些只有十几年到几十年）里，热液中的金属元素形成的矿物纯度高、品相好，基本不掺和其他杂质，待开采出来后，只要稍加处理，就可以被利用。因此，热液是矿床搭建过程的中流砥柱！

2010 年采于西太平洋深海热液喷口的"烟囱"样品，样品成分是硫化锌、石英和铁

在热液的助力下所生成的优质矿产也吸引了一批研究者的注意。他们采用在热液活动区人工钻孔的方法来获得海底矿物资源，这种方法被形象地称为"黑矿养殖计划"。与传统的海底探矿和开采作业相比，黑矿养殖就像科学家在海底种植庄稼一样：先选择一块肥沃的土地，再播种——利用人工钻孔让热液喷发，为矿物结晶提供更多机会；接着，进行专业的人工操作，与海水降温、沉积等适宜

深海海底的「烟囱」——热液

"黑矿养殖计划"中的人工钻孔放置前（左图）后（右图）

的矿物生长环境相配合，便会促使热液持续沉积矿物，达到一定数量后，即可宣布"成熟"，将其"收割"。这种方法在获得海底矿产资源的同时，保证了低成本，更大大降低了对深海环境的破坏，为其他深海勘探带来希望。

神秘的"生命绿洲"

　　早在1840年的时候，英国的著名生物学家弗布斯就断言，深海中不可能有生物存在。他认为，水深大约在560米时，生物如同处于大火中或者真空中，根本无法存活，而水深超过560米更是"无生物带"。这个说法统治海洋生物学界几十年，才被后来采集到的深海生物样本证明是错误的。

　　在"阿尔文"号深海潜水器的科考活动中，科学家便发现了那里的热液活动区有几米长的血红色管状蠕虫，还有很多蛤、贻贝和蟹。目前，科学家已经发现了多个令人称奇的热液生物群落，包含10多个门类500多个种，生物的数量和种类是附近深海环境中的500～1 000倍。这里就像深海里的生物乐园，生物相

遥控潜水器在加拉帕戈斯群岛附近的深海热液喷口采集鱼卵袋

聚于此,让热液周围充满生命活力。所有这些生物及其周围的环境,构成了独特的热液生态系统。

"生态系统"知多少

在具体了解热液生态系统之前,有必要先搞清楚一个问题——什么是"生态系统"?生物学界的解释是:生态系统是在自然界的一定空间内,生物与环境构成的统一整体,在这个统一整体中,生物与环境相互影响、相互制约,并在一定时期内处于相对稳定的动态平衡状态。

生态系统一般由四部分组成,即非生物环境、生产者、消费者和分解者。非生物环境包括气候因子(如阳光、温度、湿度)、无机物质(如二氧化碳以及各种无机盐)和有机物质(如蛋白质、碳水化合物)。生产者主要指绿色植物和其他一些自养生物,可以利用光(光合作用)或无机化学反应(化能合成作用)

北太平洋的热液喷口

光合作用

CO_2+H_2O

叶绿体

生产者

化能合成作用

化能自养细菌

CH_4
H_2S

O_2
CO_2

生产者

消费者

阳光生态系统与热液生态系统比较示意图

产生的能量将周围环境中的简单物质转化为复杂有机化合物（如碳水化合物、脂肪和蛋白质）。消费者是指以其他生物为食的各种动物。分解者则主要指细菌、真菌，还包括某些原生动物以及一些大型腐食性动物。它们将动植物的残体、粪便和各种有机化合物分解成简单的无机物，这些无机物参与物质循环后可被自养生物重新利用。

热液生态系统

即使在极端的海洋环境里，热液活动区的生物种类和数量依然十分可观，从非生物环境到分解者，热液区包含着一个完整的生态系统所有的构成要素。看似繁荣热闹且无序的生物群落，其实也在遵循着和谐有序的生存规则。热液生态系统的发现被认为是 20 世纪生物学和地球科学最重大的发现之一。

通常的深海环境，黑暗、阴冷、缺失营养物质，热液活动区的环境甚至又为深海生物加大了生存难度——热液喷口附近的温度常超过 100℃，这种高温环境对普通生物的生命而言无疑是一个巨大威胁；热液"烟囱"一般分布在水深 1 000～4 000 米的位置，水压之大几乎可以把陆地上的生物压扁；热液携带的矿物质中还包含一种叫硫化氢的有毒物质。高温、高压、富含有毒物质，这三种环境特征同时出现使得热液生态系统的环境条件严酷至极。

生产者

正是在这种"险象环生"的地方，生活着化能自养细菌。它通过化能合成来获得能量，这属于特殊生物体的一种新陈代谢活动，往往利用氧化－还原反应中的化学能实现生物体生长。具体而言，这些细菌通过氧化热液中的还原性硫化物来维持生命，并还原二氧化碳从而制造有机物，为其他动物提供能量和食物。在热液生态系统中，这类化能自养细菌正是扮演着生产者的角色。这些细菌通常与热液中的其他动物之间存在共生关系：深海动物体内含有硫化氢，为细菌的寄生提供了稳定的生存环境，而细菌则会通过一系列化学反应合成有机物来回报它的宿主。

海葵

肉食性虾类

植食性虾类

化能自养细菌

——热液喷口的能量流动和物质转移

一级消费者

多毛类、双壳类动物等都是热液生态系统的一级消费者，主要以化能自养细菌制造的有机物为食，也常常是这些细菌的宿主。

庞贝蠕虫是最常见的多毛类动物之一，可以在 80℃ 的环境中自在地生存，能够承受 110℃ 的高温，因此热衷于把巢穴建在临近热液喷口的位置，丝毫不怕高温

深海海底的「烟囱」——热液

炙烤。它们用自己的分泌物筑起一条细长的管子，像珊瑚虫一样蛰居其中，有时候也会在自己管子周围 1 米左右的地方游荡。庞贝蠕虫的巢穴附近，温度最高能达到 105℃；而在 1 米之外的地方，水温已经和普通海水的无异，平均为 2℃。可见，庞贝蠕虫对温度的适应范围相当广。

庞贝蠕虫

而蛤就不一样了，它们属于双壳类，拥有强健的腹足，但远不如庞贝蠕虫耐高温，所以生活在热液群落的外围。贻贝属于最早来到热液区的动物之一，它们热衷于集体生活，所以经常能在岩缝中发现密密麻麻的贻贝。贻贝移动时会先和蜘蛛织网一样射出一条足丝，足丝一头粘住某一个地方，然后它们再沿着足丝蹒跚而过，活像杂技演员在表演走钢丝。

贻贝及其他热液生物

提到热液生态系统的一级消费者，怎能漏掉虾。全世界范围内的热液喷口已经发现了 10 余种虾，分布也不均衡：东太平洋洋中脊热液区的虾，无论是种类还是数量都非常少，只能偶尔在管状蠕虫或贻贝丛中看到个别虾的身影；但在大西洋洋

2011 年，NOAA 加拉帕戈斯裂谷探险发现的
热液区管状蠕虫

热液区数量庞大的虾

中脊热液区就是另一番光景了，虾的种类丰富，数量也十分可观，在有的海域平均每平方米可达约 3 000 只虾，可谓大西洋洋中脊热液生物群落的优势种之一。这些虾以热液喷口的微生物为食，有些也吃小贻贝来"改善伙食"。

二级消费者

除了上述动物之外，多数热液喷口附近还有蟹、鱼和章鱼等，它们都是热液生态系统中的二级消费者，管状蠕虫、虾和贻贝等都是让它们垂涎三尺的美味佳肴。迄今为止，三大洋热液喷口已至少记录到 20 种鱼，其中绵鳚科的种类最多，约占总种类数的 50%，而除了东太平洋洋中脊的热液喷口之外，其他区域的热液喷口通常只出现 1 ~ 2 种鱼，且数量很少。

热液喷口附近的蟹、鱼等

热液喷口附近的章鱼

深海海底的「烟囱」——热液

热液生态系统的分解者，主要以管水母"海蒲公英"为代表。它们是由许多水母组成的集合体，是一种腐食性动物，被称为"热液喷口的清道夫"，是最晚进入热液喷口的种类之一。"海蒲公英"可将有机物分解成无机物，维护整个生态系统的循环与稳定。

管水母"海蒲公英"

热液区生物的有序分布与"跨洋旅行"

鉴于热液喷口的温度从中心向四周递减，此处的生物数量多、密度大，以喷口为中心，呈环带状分布在最适宜自己的温度区域活动。在靠近喷口的位置，水温为60℃～110℃，庞贝蠕虫、细菌和真菌是这里的主人；外侧水温为10℃～40℃，通常是多毛类、蠕虫的生活地带，也是最受无脊椎动物欢迎的区域；在水温为2℃～10℃的区域，生物种类大大增加，不同生物门类混杂生存，但优势种还是管状蠕虫，它们一簇簇地集聚在岩石上，构成热液活动区最吸引人的生命景观之一。

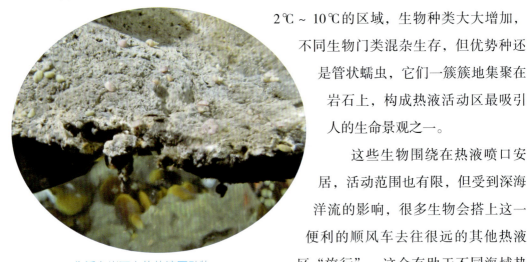

生活在岩石上的热液区动物

这些生物围绕在热液喷口安居，活动范围也有限，但受到深海洋流的影响，很多生物会搭上这一便利的顺风车去往很远的其他热液区"旅行"。这会有助于不同海域热

热液区的螃蟹与藤壶

热液区的海葵

液区生物的交换与流动，从而保证生活在不同热液喷口附近生物的数量和种类的差别不会过于悬殊。但也有例外，科学家在一些热液区发现了特定物种的富集，前边提到的鱼和虾在东太平洋洋中脊和大西洋洋中脊的不平衡分布就是一个典型例子。原来，虽然洋流为这些生物提供了远行的机会，但热液区底质等环境因子的不同决定了生活在此处的生物群落的差异。比如，一些浅色沉淀物被以底质环境生活为主的体长 30 ～ 40 厘米的大型海参选中，而枕状熔岩和皱纹密布的板状岩石则是棒球形玻璃海绵、海葵、藤壶等动物最为满意的家园。

深海海底的「烟囱」——热液

此地繁华终将尽

科学研究已经发现，热液喷口的生物群落，无论是生物密度还是生物总量都很高，并且生物的生长速度快，寿命普遍较短，平均寿命只有六年；而深海其他地方的生物群落，生物的新陈代谢和生长速度要慢得多，种群密度和生物数量也很低。如果说深海生态环境在不受到破坏的前提下，海山区域的"海底花园"便可以保持着自然更迭状态而始终欣欣向荣，那么，热液区的生物却注定会走向"曲终'人'散"的结局，并且，这不是人类所能够干预的。一个生物群落如果处在一个正常的自然生长、繁衍的状态下，往往是不会突然消失的，那么热液区所谓的"曲终'人'散"的结局究竟为何会出现呢？

我们知道，火山活动具有周期性，一般来说，一个"黑烟囱"从开始喷发到停止喷发只有十几年到几十年的时间。当热液喷发后，热液区的生物，尤

艺术家凯伦·雅各布森用水彩画描绘热液喷口附近的繁华景象

其是化能自养生物，依靠喷溢而出的热液获得能量来维持生命，一旦热液消失，它们便会因为无法获得能量维持生命而

热液区

逐渐死去。一个生态系统的初级生产者（化能自养微生物）消失了，食物供给中断，各级消费者或相继离开，或逐渐饿死，直到最后，以"海蒲公英"为代表的分解者们为盛况不再的热液区做最后的清理工作，画上圆满的终止符。热液区只留下一片矿床和逐渐溶解直至坍塌的"烟囱"默默缅怀昔日的荣盛。这是自然界的客观规律。不过，板块运动虽然会让原来的火山停止活动，进而导致热液永远沉睡下去，但也能在新的地方"点燃"另一座火山，随之而来的就是新的热液喷口的诞生和热液生物的聚集。

此地繁华终将尽，来年逢春会有时。

生命从热液起源？

生命从哪里来？自古以来，人们从天文学、生物学、分子遗传学等多个角度得出了很多结论，但至今尚未形成共识。在科学界产生了一定影响的，当属著名的"原始汤"起源说——达尔文曾假设生命最早可能出现在一个热的小池子里。此外，还有"黏土矿物"产生论、"黄铁矿"起源论以及"外来星球输入"假说等。在热液及其生物群落被发现后，又有人认为生命或许起源于深海热液。

生命起源需要它

为何有人提出热液可能是生命起源之地呢？这与生命的诞生所需要的基本条件息息相关。以往关于生命起源的各种说法虽然表面上迥然有别，但论述的关于生命起源需要的几个关键条件却几乎一样。

深海海底的「烟囱」——热液

我们经常说"没有水就没有生命"，这一观点已经得到科学界的广泛认可而且深入我们的生活。液态水是很好的溶剂，能够溶解多种化学物质，是我们在判断陌生环境有无生命存在的重要依据。比如在判断火星上是否有生命时，需要知道那里是否有液态水的存在。因此，液态水便是生命诞生所需要的第一个基本条件。

第二个基本条件，便是物质要素。碳、氢、氧、氮、钠、硫等元素，是生命代谢和繁殖的重要生源要素，也是合成有机物的关键物质，而有机物是构成生物体的基本材料，也是维持生命的能量来源。科学家经过研究后还发现，在生命起源的早期阶段，无机物向有机物转换时，微量的含金属矿物是必不可少的催化剂。另外，无机物合成有机小分子、有机小分子反应合成生物大分子等

阶段都需要持续的能量供应。如果能量供应不足，整个转化过程便会中断，生命也就终止了。所以，这些微量元素是维持生命活动所必需的物质要素，其重要性毋庸多言。

生物在早期的形成阶段，是很脆弱的，拥有一个适宜生长的环境也至关重要。地球早期的环境十分恶劣，天体碰撞、宇宙射线的辐射等都会威胁原始生命，要保证生物得以顺利出现和繁衍，就必须具有安全而又稳定的环境。这个条件满足之后，经过一定时间的酝酿和生长，原始生命就有可能出现。

需要注意的是，人们曾经普遍认为，光合作用及其产物——氧气，也是生命起源的必要条件，然而，科考研究结果却表明，地质时期光合作用出现的时间晚于生命出现的地质记录，原有观点就此丧失了说服力。

热液区提供理想场所

将生命起源需要具备的几个条件与热液环境对照一下，热液似乎就是生命起源的理想场所！

早在 40 多亿年前，原始海洋就已经形成了，那时候的地质活动十分频繁，所以热液喷口在海底是非常普遍存在的。而在海水下渗和喷溢的循环过程中，热液喷口可以持续产生富含金属元素的流体和挥发性气体，热液与海水还会发生各种化学反应，这便满足了生命起源的物质和能量需求。同时，热液喷口及其周围环境构成了不同条件的微环境，能够大大缩短生命演化所需要的时间。另外，化能自养生物所形成的初级有机物可以为生命的诞生与演化提供最初的有机质积累。并且，相比当时复杂的陆地环境，热液环境明显要稳定得多。当

热液区生物群落

然，几十亿年的光景足以拉大现代海洋所具有的物理和化学性质与早期海洋环境之间的差别，但海底热液喷口及其临近范围内，依然和早期的海底环境保持着一定程度的相似性。种种条件看下来，热液的确有可能是生命的起源地。

科学家找到的最有力的证据便是热液区的生物群落，其中，化能自养生物更是这个假说的核心依据。由于热液和

深海海底的「烟囱」——热液

海水之间的无机化学反应非常频繁，所释放的能量十分可观，化能自养生物利用这些能量制造的有机物能够维护整个热液生态系统的生命循环。另外，研究者们还从热液环境中分离出极端嗜热微生物，它们的最佳生长温度高达80℃，有的还能在121℃的条件下生长。经过缜密的分析论证，这种"极端嗜热"的特征被认为是微生物从早期生命的共同祖先那里继承下来的最原始的生理特性之一，这也就顺理成章地成了生命起源于热液的一个重要证据。

不过，关于生命究竟起源于何处，目前还是一个存在很大争议的问题，需要进一步的验证。

蛟龙入海寻热液 ▶▶▶

热液具有的地质矿产价值和生物科研价值，已经引起了全世界的关注。热液喷口微生物及其代谢产物在抗肿瘤、抗衰老、抗氧化等领域也具有极大的潜力，很有可能成为未来宝贵的生物基因和医药资源来源，这更唤起了有关领域科学家的研究热情。

"黑烟囱"吐出的烟雾可以上升100～300米的高度，在洋流的助力下，能漂移至离"烟囱"几千米到几万米的地方，这对海水的浊度、温度、酸碱值等都有重要影响，也为科学考察带来困难。深海潜水器的出现从一定程度上解决了这个问题——可以代替人们深入海底，直接观察热液区，并进行实地取样。目前掌握这个技术的国家只有五个，拥有可下潜深度超过6 000米的载人潜水器的国家更是凤毛麟角，我国便是其中之一。在深海研究领域，我国后来者居上，已经取得了很多瞩目成就。

2007年，在"大洋一号"科考船的调查航次中，科考队在水深2 800米处的西南印度洋洋中脊上发现了"黑烟囱"，并使用自主研制的水下航行器拍到了大量正在冒烟的"黑烟囱"喷口，还分两次采集到120多千克的样品。2009年，"大

"蛟龙"号载人潜水器

洋一号"科考船又传来好消息：我国首次使用水下机器人"海龙2号"，在东太平洋海隆"鸟巢""黑烟囱"区观察到罕见的巨大"黑烟囱"，并获得约7千克的硫化物样品。这个"黑烟囱"直径约4.5米，高26米，有七八层楼那么高！还有大大小小、形态不一的"黑烟囱"耸立在这个"大家伙"周围，形成酷似石林的海底地貌。

像探测热液这种深海作业，怎么能少得了"蛟龙"号载人潜水器呢？2015年，"蛟龙"号载人潜水器首次在西南印度洋执行热液区科考任务，采集了热液区构

深海海底的「烟囱」——热液

"蛟龙"号载人潜水器在西北印度洋发现的热液区

"蛟龙"号载人潜水器在西南印度洋发现"黑烟囱"

造带岩石、高温热液流体，并获得了低温"烟囱体"样品。2017年4月，"蛟龙"号载人潜水器又在西北印度洋卧蚕1号、卧蚕2号、天休、大糦四个热液区发现了27处海底热液。

热液与生俱来的独特价值和神秘感，给深海地貌增添了一抹浓郁的色彩。

在如此极端恶劣的环境下更让我们看到了地球的神秘莫测。在今天，热液生物是如何迁移的，新的喷口是如何吸引来"新居民"的……关于热液还有很多未解之谜，这些大自然留给我们的考题，需要一代代人的不懈努力去解答。

"大洋一号"科考船

大洋一号
DA YANG YIHAO

冉冉升起的深海"新星"——冷泉

　　不同于热液喷溢张扬的特点，以气泡串形式出现的冷泉的溢出明显柔和许多。海底冷泉分布广泛，从热带到两极，从浅海大陆架到深海海沟都有它的身影。"深海绿洲"冷泉生态系统在如同荒漠一般的深海中洋溢着勃勃生机。

1983 年前后，一队美国学者抵达佛罗里达海域进行科学考察。他们在一处海底断崖附近发现了一个奇怪的现象——这处断崖位于海面以下 3 200 多米的地方，按照此前猜想，这里应该和大部分深海区一样幽深寂静，但这里却在源源不断地冒着气泡。对这个现象十分惊奇的这些美国学者，经过进一步调查后，又在这片海域内发现了一个化学能自养生物群。这个在后来引起了科学家们极大兴趣的新发现，就是冷泉以及冷泉生物群的发现。

比起之前在海洋学领域早早被发现的海山、大洋中脊，我们对深海"冷泉"的认识还远远不够。2002 年，我国学者陈多福首次将这个概念引入国内，并把"Cold Spring"翻译成了"冷泉"，它才有了正式的中国名字。

海底冷泉

海底为何吐泡泡？ ▶▶▶

　　虽然被称为"冷泉"，但不要被它的名字欺骗了，冷泉的温度其实与周围海水温度基本相同或略高一点，一般是2℃～4℃，它的"冷"是相对于温度高达上百摄氏度的海底热液而言的。热液喷出海底后呈烟囱状，而冷泉则是以一个个的气泡串的形式出现，一眼看去，好像海底在咕嘟咕嘟地吐气泡。

　　那么，这些气泡是怎么形成的呢？其实，在自然演化过程中，随着时间的推移，海底会有越来越多的沉积物。沉积物之间存在着大大小小的缝隙，在漫长的沉积过程中，新的沉积物一层一层地叠上去，下层沉积物的重力负荷就越来越大，像叠罗汉似的，把那些缝隙挤压得越来越小。经受重力负荷的

西北太平洋冷泉甲烷气体的气泡上升

沉积层就渐渐变得夯实，于是低密度流体和以甲烷为代表的烃类气体就沿着沉积物缝隙从海底向海水中喷溢，最终变成了一个个的气泡，这就是海底冷泉。

　　所以，海底会吐气泡是因为它在向上"吹气"。地层中气体聚集，温度因此升高，而高温有利于有机物质的分解，会不断产生烃类气体；同时，低密度的流体产生向上的浮力，为气体开辟通道，使喷溢过程畅通无阻。于是，气泡便争先恐后地向上"走"，冷泉就此登场。研究者根据已经掌握的资料推测，这些烃类气体可能来自下部地层中长期存在的油气系统，也可能是由海底天然气水合物分解释放产生的。

　　深海中的低密度流体和烃类气体除了在海底沉积作用中会喷溢出来以外，还有一些因素也会导致它们的运移和排放，从而形成冷泉。比如，全球气候变化引

起海平面的升降，或海底底层水变暖、温盐环流变化以及季节温度变化，地质构造抬升或海平面下降，地震、火山喷发、地温梯度升降等因素可能都会改变海底的温度或压力，从而造成气体喷溢。根据冷泉产生的原因，我们经常能在深海扩张中心、板块边界、弧前盆地、断层、火山发育处等地方找到它，并且不同于热液喷溢张扬而短暂的特点，冷泉的溢出明显柔和许多，如细水长流般缓慢且持续。

冷泉是个大家族 ▶▶▶

　　海底冷泉分布广泛，如果将它比作一个大家族，那这个家族的成员几乎要遍布全球了。迄今为止，已经发现的冷泉活动区有 900 多处，涉及波罗的海、黑海、北大西洋、印度洋和西南太平洋等众多海域。从热带到两极海域，从浅海大陆架到深海海沟，冷泉都能"随遇而安"。

　　南海珠江口盆地西部海域发现的"海马冷泉"，水深 1 350 ~ 1 430 米，是我国管辖海域内发现的第一个大型活动性海底冷泉。因为是"海马"

号深海遥控潜水器发现的，所以这个冷泉得名"海马冷泉"。"海马冷泉"为我国科学家开展冷泉研究提供了宝贵的基地。我国已初步确认的近海冷泉区主要有七处，其中，在东海仅在冲绳海槽发现一处冷泉区，在南海发现六处，分别位于台西南海域、东沙群岛西南海域、东沙群岛东北海域、神狐海域、南沙海槽和西沙海槽海区。

冷泉家族不仅足迹遍布全球海域，而且还呈现出不同的面貌。根据冷泉流体溢出速度的不同，可分为快速冷泉、慢速冷泉和喷发冷泉。三种冷泉各有特点：快速冷泉一般出现在泥火山或断层构造面，流体富含甲烷并携带着大量细粒沉积物；慢速冷泉的流体富含油或气，往往在相对透水的粗粒沉积层中活动；喷发冷泉是地壳运动引发的大陆坡崩塌，或者海底沉积物中水合物分解导致压力过高，在短时间内大量排放甲烷所导致的。目前，在冷泉家族里快速冷泉占绝大多数。如果根据水深不同进行划分，冷泉还可以分成浅水冷泉和深水冷泉。

冷泉现象活跃的墨西哥湾附近海域

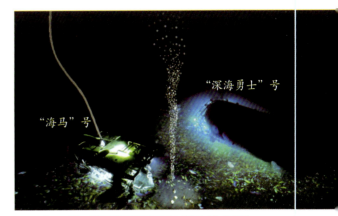

2018年4月，我国科学家利用"海马"号深海遥控潜水器和"深海勇士"号载人潜水器在南海北部陆坡西部的"海马冷泉"开展了联合科考

知识点链接

如何高效探测海底冷泉是世界性难题。在我国已完成的冷泉探测中，除了"蛟龙"号、"深海勇士"号载人潜水器以外，还有青岛海洋地质研究所自主研发的深海探测设备与上海交通大学研制的遥控无人潜水器以及中国海洋大学研制的水下激光拉曼仪等 起发挥了重要作用。

冉冉升起的深海「新星」——冷泉

绿洲此地独好 ▶▶▶

　　深海因为缺乏光线和适宜的温度，绝大多数海洋生物无法在此生存，所以常被视为生命的禁区。然而，就像同为深海生态系统的热液区一样，属于冷泉的奇迹也在这生命的禁区里孕育而出。也许是因为冷泉本身魅力十足，所以慕名而来的"追随者"——各种各样的生物纷至沓来，并逐渐在冷泉区域定居下来。"居民们"安居乐业，冷泉区域也就呈现出一派欣欣向荣、和谐稳定的景象。冷泉的"居民们"以及周围的环境组成了冷泉生态系统，它同样具有一个完整的生态系统所必备的构成要素。

　　没有阳光和舒适的温度，冷泉的物理环境对于海洋生物来说可谓艰苦万分。冷泉口形成的甲烷水合物会促使甲烷向更大范围的海底扩散，甲烷氧化菌和硫酸盐还原菌等化能自养生物与甲烷发生化能合成反应，生成可供其他生物利用的有

冷泉口附近的甲烷细菌菌落和底栖动物

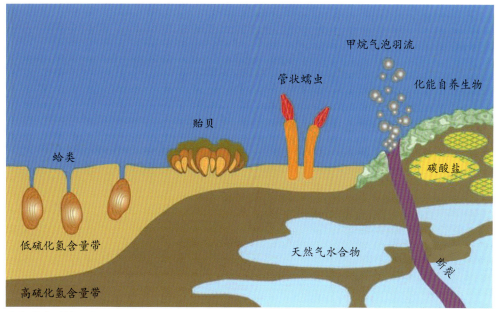

甲烷气泡羽流

化能自养生物

管状蠕虫

贻贝

碳酸盐

蛤类

低硫化氢含量带

天然气水合物

断裂

高硫化氢含量带

冷泉生态系统示意图

机物。化能自养生物作为冷泉生态系统的初级生产者，是冷泉区域食物链的基础。

菌席、深海双壳类（贻贝类和蛤类）、蠕虫（管状蠕虫和冰蠕虫）等多毛类动物以及海星、海胆、海虾等，一起构成了冷泉生态系统中的一级消费者。因为它们广泛附着在海床上，所以经常被科研人员发现。其中，管状蠕虫是冷泉中最为常见的生物，有很多不同的种类。它们没有口和内脏，缺少消化管道，通过自身埋藏在海底沉积物中的类似植物根部的身体吸取硫化物来维持生命，只出现在冷泉流速较低

冷泉口附近的甲烷细菌菌席和石蟹

冉冉升起的深海「新星」——冷泉

的地方。冰蠕虫十分长寿，在冷泉所构成的环境中可以存活250年以上，这也代表了冷泉生物的普遍特点——生长特别缓慢，与之相比，热液生物的生长速度就快得多了。贻贝类也是冷泉生态系统的重要组成部分，它们的口和内脏没有完全退化，却也依赖自己的共生伙伴——化能细菌获得营养。这些贻贝类仅栖息在富含大量甲烷和硫酸盐的活动冷泉口，所以我们经常能在这里看到一大片的贻贝床。

当然，冷泉活动区中还有鱼蟹游走，冷水珊瑚斗艳，海百合盛开……它们是冷泉生态系统里相对更高级的二级消费

西北太平洋冷泉区的毛瓷蟹（潜铠虾，白色者）、贻贝床（褐黄色者）和阿尔文虾（红色者）

者。最终，所有生物的残体和排泄物都将被线虫类动物和微生物分解而回归自然，进入新的循环。

如果与热液进行比较，冷泉和热液的生物群落相似，但冷泉生态系统的生物种类较少，比热液生态系统的生物多样性低得多。热液活动区繁华易逝，生物会随着热液的"死亡"而离开，冷泉生物却拥有比较稳定的生活空间，大多可以长久定居于此。它们在漫长的进化中，越发适应深海环境，始终与冷泉的物理环境维持在一个平衡状态，在如同荒漠一般的深海中，冷泉生物群落如同沙漠中的绿洲一般，洋溢着勃勃生机，正因如此，冷泉生态系统也有"深海绿洲"的美称。

管状蠕虫

生活在贻贝床附近的边缘珊瑚

冉冉升起的深海「新星」——冷泉

"龙"游冷泉 ▶▶▶

　　作为海洋研究的"新事物"，冷泉受到的关注不在少数，各国对冷泉的研究早已结出累累硕果。我国的冷泉研究也一直在路上，仅以南海地区为例，相关的科学研究已经走过了十几个春秋。从 2004 年我国第一次在南海发现海底冷泉，到 2013 年在这一海域成功钻获天然气水合物实物样品，再到 2013 年以来在南海北部发现多个新的海底大型活动性冷泉，并首次发现了管状蠕虫和海蛇尾——跟随时光的脚步前进，科学理论日益丰富，研究工具也日渐向智能化发展，我国的冷泉研究工作不断迈向新的台阶。

身在深海，利在千秋

　　以一串串的气泡形式出现的冷泉，为什么那么多人都在争相研究有关它的一切呢？这是因为对冷泉的研究利在千秋。

　　首先，冷泉是探寻天然气水合物——可燃冰的重要标志。冷泉的流体可能是海底天然气水

天然气水合物块嵌在沉积物中

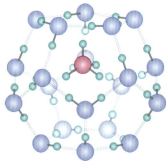

可燃冰及其球棍模型

合物分解释放的烃类气体，由此反推，在出现冷泉活动的地方，有很大的概率会发现富含天然气水合物的海底沉积层。因此，研究和调查

大西洋海岸水深 1 055 米处的含天然气水合物的沉积层

海底冷泉，对于海底天然气水合物以及其他相关资源的地质调查有很大帮助。

除此以外，全球 900 多处冷泉活动区，每年会排放大量的烃类气体到大气中，其中的二氧化碳和甲烷气体都属于温室气体，所以冷泉是可能造成全球气候变化的重要因素。从这个角度看，研究冷泉还可以为研究气候问题开辟新道路。另外，存在于深海的冷泉生态系统，以其独特而崭新的面貌重新诠释生命的无限可能性，为探索地球深部生物圈、研究极端环境下的生命活动提供了天然实验室。

在墨西哥海湾北部水深 966 米的海底碳酸盐岩上面的贻贝和其他生物

冉冉升起的深海「新星」——冷泉

展望冷泉研究的未来，也许我们可以把陆上和海洋中发现的古碳酸盐结合起来分析思考，通过实验来穿越时空，窥见冷泉形成的地质过程，从而推动目前的冷泉演化研究。而冷泉生物也和热液生物一样，其所携带的特殊基因，或许对医药学研究有推动作用。

"海洋之眼"看冷泉

带着对冷泉研究的热情，在我国有着人造"海洋之眼"之称的深海着陆器前往南海冷泉区。它本是一种无动力潜水器，可以凭借重力的作用下沉到海底，其上方又安装有浮力装置，可以保证任务完成后浮出水面。在水下长时间工作时，它能够自己编程，每隔几个小时"醒"一次，实施监控任务两分钟左右又进入"梦乡"。

这样一台智能化的机器，曾在南海工作一年之久。它被安放在一个水深1 130米左右的南海冷泉喷口处进行原位观测，一年后共带回了约186千兆的南海冷泉区高清影像和传感器数据资料，里面记录了冷泉区的生物群落生长演化的过程。这些宝贵资料是解析冷泉生态系统生物群落变迁、生活史演替、种群补充机制、生物活动机制等重要基础生物学问题及其与环境之间关系的重要参考。

随着人类对深海乃至深渊探测需求的不断增加，着陆器的研制越发受到重视。我国也取得了骄人的成绩，已成功研制出万米级深渊着陆器，比如"彩虹鱼"第二代深海着陆器、"沧海"号着陆器。

"探索二号"科考船布放深海视频着陆器"沧海"号

冉冉升起的深海「新星」——冷泉

那一年"蛟龙"探海

　　"蛟龙"号载人潜水器的诞生，是中国人的骄傲。历经数年，"蛟龙"号载人潜水器已经协助研究人员完成了一次又一次水下科考活动，极大地推动了我国深海领域的研究工作，获得了令全世界瞩目的成就，其中不乏在冷泉区的多次下潜活动。

　　2013 年，"蛟龙"号载人潜水器首次在南海冷泉区下潜成功，这是它服役以来，

"蛟龙"号载人潜水器下潜拍摄的照片

"蛟龙"号载人潜水器采集到的毛瓷蟹（潜铠虾）

在冷泉研究中迈出的第一步。这一年，"蛟龙"号载人潜水器不仅观测到了由毛瓷蟹、贻贝、深海虾等构成的冷泉生物群落的主要成员，第一次在南海获得了活动冷泉区的生物标本、碳酸盐岩等珍贵的科研样本，还拍摄到了大量的生物视频资料，实现了科研领域的重要突破，具有不可磨灭的科学价值和历史意义。

　　直到今天，海底冷泉的神秘面纱正在逐渐被我们揭开。未来，随着科学技术的进一步发展，会有更多的"蛟龙"带领我们潜入深海探险。而冷泉这个以气泡形式现身的海洋环境，也终将成为海洋学研究的标志性明星环境。

海面下的盆地

　　深海海底除了高耸的海山、起伏的海岭，还有深海盆地，又名"海盆"。在这些深海聚宝盆中，有大量的多金属结核、富稀土软泥，还有许多鲜为人知的"精灵"。

　　深海盆地和其他几个地形单元之间存在着千丝万缕的关系：大洋盆地的主要部分位于水深4 000～5 000米的开阔海域，这一部分就称为深海盆地，深海盆地里最平坦的部分是深海平原；在整个大洋盆地中，还有一些由海岭、海山等高地分割而来，周围高地环绕，底部比较平坦的海盆。这种小型海盆算得上是大洋盆地的次级地形单元，在太平洋有14个，印度洋有7个，北冰洋更少，只有3个，而大西洋则有19个大小不等、深浅不一的海盆。

深海盆地

未解之谜：太平洋海盆的诞生 ▶▶

所谓"世界之最"

太平洋是世界上面积最大的大洋，太平洋海盆也是"世界第一大盆地"。1513 年，来自西班牙的探险家巴尔沃亚成为首位发现太平洋的欧洲人。随着麦哲伦船队的航行，这片宽广而平静的海域彻底走入欧洲人的视野中，"太平洋"之名由此而来，人们对太平洋的探索速度也大大加快。

太平洋海盆的东、西两部分，虽都是位于同一个大洋，却表现出截然不同的面貌。在太平洋海盆的东部，从北美洲沿岸向南一路延伸到南极洲附近的一大片区域，有幅员辽阔、起伏极小的海底高原，也有恣意铺展的裂谷，但从整体上看，地形还是更偏于平展宽广的。放眼远眺，这片区域就像是铺上了一大块粗布，其上有纵横交错的裂谷将高原切割成一段一段，宛若布料上线条粗犷、走势潇洒的纹路。东部平坦的地形却并不平静，因为那些裂谷都是一直处于扩张状态中的。至于西部的海盆，盆底则比东部崎岖得多。西太平洋作为全球闻名的海山区，这里一群群的海山和深陷的海沟相配合，将洋底分割得支离破碎，与东部的平坦整齐比起来，显得杂乱无章。并且，西太平洋频繁的火山喷发、海沟"吞吃"洋壳常常都会带来地震。

西班牙探险家
巴尔沃亚

海面下的盆地

有关太平洋海盆的探索日益深入，它的形成也引来不少人的注目。带着众多疑问，科学家纷纷做出了他们的猜测。

"月抛说"被否定

在一个晚风习习、月朗风清的夜晚，坐在海边礁石上，抬头看向那皎皎空中的一轮孤月，也许你会盛赞"春江潮水连海平，海上明月共潮生"，也许还会感慨"海上生明月，天涯共此时"。月亮，频繁出现在古人和今人的诗文中，寄托着缱绻深情，而在遥远的大洋彼岸，也有人曾仰望这轮月亮，并且构建起它和太平洋海盆之间的深厚渊源。它们一个在遥远的天边，一个在地球表面，相距这么远，能有什么关系呢？进化论创始人达尔文的儿子——天文学家乔治·达尔文给出了他的解释。

他认为，除太平洋外，世界其他大洋底部的洋壳都由玄武岩和其上覆盖的花岗岩组成。于是，1887年，他在一部关于潮汐的著作中提出了一个大胆的假说：在巨大的物体引力作用之下，地球的一部分分裂出去，被抛去了外太空，

乔治·达尔文

月亮

变成了月亮，而月亮离开后留下的巨坑，就是太平洋海盆的前身。这便是著名的"月抛说"。

后来，当人类成功登月之后，才发现月球上的岩石并非都是花岗岩，乔治·达尔文提出这个假说的最大依据被否定，"月抛说"便不能成立了。

"假说"一直在路上

在"月抛说"等假说接连被否定后，"海底扩张"说和"板块构造"说以不可阻挡之势闯入人们的世界，并结合"大陆漂移"说，让科学家重新认识海盆的形成过程。

2亿年前，地球上只有一个连成一体的泛大陆，也叫联合古陆；只有一个大洋，就是古太平洋，也叫作泛大洋。联合古陆本来是个密不可分的整体，但时间久了，它承受不住地球的地质活动和所受外力的影响，身体出现了长长的大裂口，岩浆顺着裂口汩汩涌出，逐渐冷却变硬，形成新生的海盆。古太平洋的海水沿着裂缝灌进来，把这个新海盆填满，这样，两个陆地之间就出现了一大片水域。新的岩浆还在不断形成新的洋壳，老洋壳被推向两边，海水也不断涌进来，原来的海盆被撑得越来越大，它周围相连的陆地不得不再后退一步，给海盆腾出足够的空间。谁知从无到有、由小变大的海盆一直没有停下变大的脚步，它的"大肚子"咕噜咕噜地灌进涌来的海水，最后变成了今天的大西洋和印度洋。分开的陆地越漂越远，从隔海相望发展到再也看不到对方的身影，就这样变成了各自独立的大陆。这个解释仍然受到质疑：古太平洋是怎样形成的？它的历史究竟可以追溯到什么时候？太平洋海盆发育的内在动力又是什么？这一切都还是个谜。

解密太平洋海盆形成的过程，和应对其他科学问题一样，科学家同样在摸索中往前走，日新月异的科学技术也会照亮其前进的路，帮助人们缓慢而坚定地靠近真理。

深海聚宝盆 ▶▶▶

深海盆地里不仅分布着海山、深海平原等不同地貌类型，而且蕴藏着很多宝藏，那些不起眼的石头、奇怪的生物，都可能具有很高的研究和应用价值。

多金属结核

深海盆地的底是海洋性地壳，即洋壳，洋壳的厚度基本在五六千米，上部堆积着硅质软泥、钙质软泥和深海黏土等远洋沉积物。这些沉积物上有很多千奇百怪的"石头"，有一部分的颜色和富钴结壳一样都是黑色或者黑褐色的，在不同的水深里都有可能出现，只是水深 4 000 ～ 6 000 米的海底是最容易找到它们的地方。因为环境的不同，它们的表面有的光滑，有的粗糙。它们为什么能跻身于深海盆地的宝藏中呢？这在于它们富含的金属元素——

多金属结核

锰、铁、钴、镍、铜等潜在的经济价值不容小觑！而它们的名字，也和这些金属元素有关，最初被称为铁锰结核，之后又有锰结核、锰矿球等名称，20 世纪 90 年代中国大洋矿产资源研究开发协会将其定名为多金属结核。

多金属结核或者分布于海底沉积物上面，或者半截身体藏在沉积物之下，还有一些完全埋在沉积物的下面。它们大小不一，直径从几厘米到几十厘米的都有，被科学家按照大小分成了三类：直径大于 6 厘米的是大型多金属结核；直径为 3 ～ 6 厘米的为中型多金属结核，这种大小的多金属结核数量最多；直径小于 3 厘米的自然就是小型多金属结核了。为什么多金属结核的个体比较娇小呢？这是因为它们的生长速度特别缓慢，每生长 1 厘米都要花费数百万年的时间！

遍布海底的多金属结核

多金属结核的横切面和表面

在它生长速度如此缓慢的情况下，太平洋海盆里能有这么多的多金属结核，真是令人惊叹！

仔细研究多金属结核的构造，会发现它们包括核心和壳层两部分。多金属结核的核心千奇百怪，可以是岩石碎屑、矿物，还可能是生物遗体（如鱼牙、骨刺）、陨石等；壳层主要包含铁、锰氧化物和氢氧化物，也有一些硅酸岩矿物混杂其中。壳层包裹着核心，形成了姿态各异的多金属结核，主要有球状、椭球状、板状、不规则状、连生体状、菜花状、盘状等，比如连生体状，就是两个或者两个以上的结核粘在一起，而菜花状结核外形如菜花一般。

多金属结核散布在各大洋的洋底，其中太平洋分布最多，据粗略估计，太平洋的多金属结核能达到1.7万亿吨。

富稀土软泥

深海盆地的海底沉积物里若富含稀土元素，就是富稀土软泥。稀土是17种金属元素的总称，由于受分离技术的限制，最早只能用化学法制出少量不溶于水的氧化物，习惯上把这种氧化物称为"土"，因而得名"稀土"。富钴结壳和多金属结核里面就有稀土元素，海底沉积物中虽然稀土含量不如这两种矿物多，但和陆地稀土矿床相比，其优势也很明显。这种富含稀土元素的海底沉积物被称为富稀土软泥，因广泛分布在海底，具有巨大的开采潜力，且所含稀土元素的浓度高，尤其富含重稀土元素，十分易于提取。富稀土软泥囊括不同种类的沉积物，如太平洋海盆和印度洋海盆中的富稀土软泥的主要沉积物类型包含多金属软泥、沸石黏土和远洋黏土等。

深海潜水器机械手在非洲附近海域进行沉积物取样

随着陆地矿产资源的逐渐枯竭，越来越多的国家都把可持续发展的希望寄托在浩瀚的海洋上，争相在保护海洋环境的前提下合理有序地开发利用海洋资源。深海稀土资源作为一种新型资源，顺理成章地得到各国的青睐。我国从 2012 年开始着手进行深海稀土资源的调查研究，已经在东南太平洋等地发现了大面积的富稀土沉积物，具有广阔的开采前景。

海盆生物

相对于其他地方的深海生物而言，海盆生物则更加鲜为人知。

位于菲律宾南部的苏拉威西海，被很多岛屿和暗礁包围，最深处可达到 5 000 米，是海洋生物的乐园。来自美国和菲律宾两国的科学家曾在这里进行科考活动，发现了多种珍稀海洋生物，其中有将近 100 种无脊椎动物和鱼类是前所未见的。有一种近乎通体透明的海参，它通过伸缩自己长长的身体在水里游动。还有一种黑色水母，浑身上下都充满着诡谲气息。最令科学家惊讶的是一种浑身长刺的橙色扁圆蠕虫，它竟然有 10 只触角，在以前所发现的蠕虫中，还从来没有长相如此奇特的呢！

极地海盆中的生物也深化了我们对地球生命的认识。2005 年，一个由多国科学家组成的考察小组进入加拿大深海盆地，开展生物多样性考察活动。这个海盆

水深 2 500 米处发现的通体
透明的橙色扁圆蠕虫

头足类

位于北冰洋中部，冰层终年覆盖其上，人迹罕至，也曾经被认为是生命的荒漠。身处冰天雪地之间，大小不等的浮冰、受挤压变形的山脊以及粗细各异的冰裂缝构成了一个奇特的冰层系统。冰层局部融化，又再次结冰，在这个过程中，海水中的盐分子逐渐被冰包围，冰层中就形成了一些小缝隙或小坑，里边有液态水，因为含盐量高，这些液体不会完全冻结，于是，大量的单细胞海藻就有了安逸的栖息地。它们既可以从冰层上方获得足够的阳光进行光合作用，又能从冰层下方的海水中获取营养物质，因而保证了种群的繁衍。生活于此的蠕虫、微型甲壳类等动物，便可以以单细胞海藻为食。等到冰雪融化时，这些夹杂在冰层中的生物会随之掉进海里，成为中层或底层生物的口中餐。

在整个海洋中几乎无处不在的浮游生物作为北冰洋深海食物链的最底层，

也发挥着重要作用。这里的它们同样形态万千：有色泽艳丽者，亦有通体呈半透明状者；有短小仅数毫米者，亦有长达数米者。水母大概是体型最大的一种浮游生物了，它们体重的 96% 是水分，具有黏性，身体透明且柔软，经常在水中悬浮，浪漫而神秘。科学家还在洋底发现了海黄瓜和海葵，还有各种各样的鱼、虾在其间自由穿梭。

北冰洋边缘海发现的代表性胶状浮游动物

除了这两个特定海域外，其他海盆里也生活着各种生物，在这个藏龙卧虎的深海聚宝盆里独领风骚。

海洋最深处的风景

　　世界最高峰珠穆朗玛峰，耸立在青藏高原，厚厚的积雪在明媚的阳光照耀下闪闪发光。而拥有地球的最深处"挑战者深渊"的马里亚纳海沟，像一把巨大的汤匙镶嵌在西北太平洋的海床中，在海洋深处刻下了神秘印记。

在海底扩张的过程中，老的洋壳会不断向两边扩张，最终被吞没在洋壳和陆壳交界的地方。总结洋壳的一生，它就像一个游子，从大洋中脊出发，在海底完整地走过一生，待阅尽海底的万千世界后，重新回到自己的"老家"——软流圈。它轰轰烈烈地出现，在海洋深处深深地刻下了自己的印记。这个印记，就是海沟。在这附近，一个个弧后盆地相接，一座座海底火山林立，一串串暗礁岛屿蜿蜒，一条条幽深海沟匍匐，在海底列出岛弧－海沟体系独有的"方阵"。

海沟

打开"回家的门" ▶▶▶

"万丈深渊"常被用来形容十分不利的处境，谁都避之唯恐不及，而我们要去的海沟，也是水深超过 5 000 米甚至上万米的深渊。洋壳向陆壳下方俯冲的地方会形成海沟，深渊正是很深的海沟，所以海沟是洋壳返回上地幔融化为岩浆过程中开始俯冲的地方。因此，可以说海沟是洋壳"回家的门"。黑漆漆的海沟隐藏着无数的秘密，等待我们去一一揭开！

一道"门"隔开两个世界

既然是洋壳"回家的门"，这"门"的构造有什么特别的吗？假如我们把海沟从上到下切开，露出来的横截面就像是一个字母"V"，并且形状还不太规则，挨着陆地的岩壁明显陡峭一点，还分布着很多岛弧火山和岩石，海洋一侧的岩壁则平缓得多。再往下，陆壳和洋壳的坡度愈加陡峭，二者越靠越近，直到彼此接触。在这里，既有颗粒细小的粉砂、细腻柔软的软泥，又有零星的砾石和大卵石，正是因为这些物质的存在，原本十分险峻的地形才被覆盖住，显得平缓许多。

马里亚纳海沟的枕状熔岩

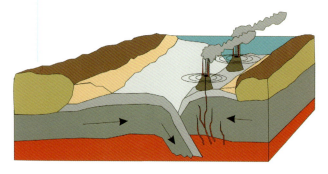

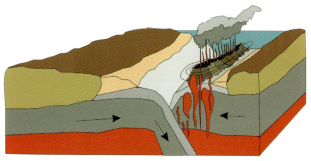

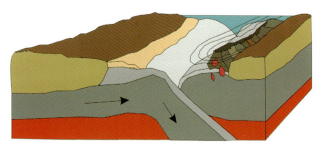

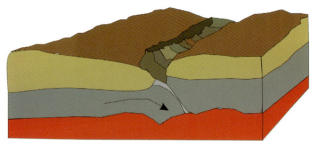

两个板块碰撞过程中在它们之间形成
一个"岛弧－海沟体系"

洋壳如何"回家"？

当老洋壳被推移到板块边缘时，常常遇到大陆地壳（简称"陆壳"）这个"拦路虎"。洋壳不甘心地继续往前推进，但两边互不相让，洋壳努力往前冲，陆壳倔强地坚守阵地，一时间竟不分上下。但很快，这场强者之间的较量就有了结果：由于陆壳的位置本来就高，而洋壳岩石的密度又比陆壳岩石大，所以，洋壳不知不觉就往下弯曲，直冲向陆壳下边，产生了极大的拖曳力量，使其不停地向下俯冲。就这样，洋壳以深鞠躬的姿势在陆壳交界处折下去，形成了海沟。另一边的陆壳呢？在洋壳的猛烈碰撞下，与洋壳相接的一端，陆壳的表层物质隆起，形成岛弧。因此，海沟和岛弧便形影相随，"岛弧－海沟体系"的名字便随之产生了。

发生在海沟的地震和火山喷发就是洋壳和陆壳共同的杰作。我们虽然不能用肉眼直接看见洋壳俯冲到地下之后的情景，但通过记录海沟地震的信息，就能推测出地壳运动的情况。和其他地方的地震比起来，发生在海沟的地震震源深度很浅，一般不会超过 70 千米。朝向大陆的方向，震源逐渐加深，最终的震源深度会超过 300 千米。如果我们参照这些数据画一幅简图，就会清楚地看出来，从岛弧－海沟体系开始，震源向大陆方向的深处倾斜，倾斜角度约 40°，就像用一把大刀沿着海沟朝大陆方向斜斜地砍下来似的。当洋壳来到地下 700 千米的位置时，就再也无法捕捉到它的动静了，因为这时的洋壳已经进入地幔，与高温高压的地幔物质融为一体了。

　　洋壳终于回到软流圈，等待下一次的旅程。而它表面的沉积物，还有与陆壳相撞产生的碎屑，都因为密度小，无法跟随洋壳俯冲，只能在海沟处停留下来，越积越多，最后就成为海沟附近的沉积物。

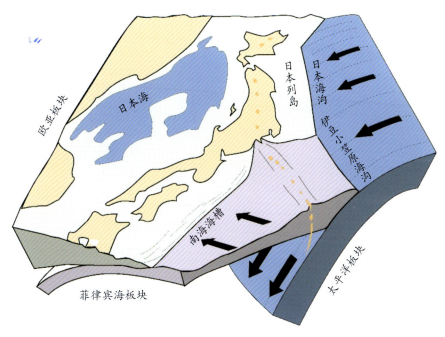

太平洋板块和欧亚板块碰撞形成日本海沟和日本列岛，
这里地震多发，震源向陆地方向倾斜

去地球最深处 ▶▶▶

造访之前需谨慎

　　每次问到世界上海拔最高的山峰，人们都会不假思索地回答"珠穆朗玛峰"。它耸立在青藏高原，直指蓝天，厚厚的积雪在明媚阳光的照耀下闪闪发光。征服珠峰，成为很多登山爱好者最大的梦想。可就是这样一个高度可在陆地上称霸的山峰，要是放在海里，可能连山顶都露不出海面。不相信吗？有一个叫马里亚纳海沟的地方，位于菲律宾东北方的马里亚纳群岛附近。它全长约 2 550 千米，平均宽度约 70 000 米，平均深度 8 000 米左右，最深处在海沟的南端，为 11 034 米，这里还有一个响亮的名字——"挑战者深渊"，是地球上最深的地方。海洋第二深的"塞丽娜

马里亚纳海沟

深渊"也位于此,在"挑战者深渊"东面约
200 千米处,深度为 10 809 米。在马里亚纳
海沟,珠穆朗玛峰完全可以被藏进海里而不
露出水面。海沟底部起伏不绝,有时甚至还
有海山耸立着。和其他海沟一样,马里亚纳
海沟的身体弯成弧形,像一把巨大的汤匙镶
嵌在西北太平洋海床中。

　　一个是世界最高峰,一个是地球最深处,
都是挑战人类极限的地方。不同的是,珠穆

珠穆朗玛峰

8 848 米

5 000 米
4 000 米
3 000 米
2 000 米
1 000 米
0
1 000 米
2 000 米
3 000 米
4 000 米
5 000 米

海洋最深处的风景

马里亚纳海沟

11 034 米

朗玛峰已经被一队又一队的登山者征服，而马里亚纳海沟的造访者却少得可怜，单是大得能把人压扁的水压，就阻挡了不少人的脚步。水压具体有多大呢？它抵得上1 000多个大气压，相当于在我们的食指指甲上压一个一吨多重的物体。除了水压高得惊人外，马里亚纳海沟的气温也时高时低。奇怪，在没有光照的深海，水温低是正常的，可是为什么又会变高呢？这便是地壳活动的结果。火山喷发，能使这里的水温上升到320℃以上，而平时的水温只有2℃。

有关马里亚纳海沟还有一个疑点，那就是作为太平洋洋壳的俯冲地带，地震频繁，但100多年以来，此地常常发生七级地震，而能量是其30多倍的八级地震却几乎没有。为什么深度称霸地球的海沟，地壳活动强度却与之不匹配呢？如果排除地震记录时漏记误记这些因素，很可能是因为海底泥火山上的蛇纹石——它的摩擦系数较小，很有可能担当断层上润滑剂的角色，使得洋壳之间的碰撞力度可以稍微减小一点。不过这也只是初步的猜测，真相如何，还要继续寻找。

日本深海潜水器"深海6500"获得的蛇纹石

前辈的探险

尽管自然环境不允许人类轻易涉足，但科学家依然没有放弃对马里亚纳海沟的考察。早在1872—1876年，英国科学家乘坐"挑战者"号科学考察船进行了长达1 606天的大规模海洋科学考察。考察期间，"挑战者"号科学考察船共航行超过1.27万千米，考察队发现了4 700多种海洋生物，并首次注意到，在马里亚纳海沟的南端，海床如断崖般突然下陷，形成一个"无底洞"。为纪念这次的发现，科学家就把这个"无底洞"命名为"挑战者深渊"。

"挑战者"号科学考察船发现的海蟹

"挑战者"号科学考察船

后来的近一个世纪里，从来没有人能到达"挑战者深渊"，直到1960年，瑞士著名的深海探险家雅克·皮卡尔与美国海军中尉唐纳德·沃尔什合作，要共同驾驶"的里亚斯特"号深海潜水器在马里亚纳海沟下潜。那年1月，在马里亚纳群岛所在海域，一艘船和一只密封的小艇一前一后地行驶了四天，终于到达目的地。海风呼呼地吹，不断在海面上掀起大浪，此前已经有过50多次下潜经验的"的里亚斯特"号深海潜水器也英姿不再，身上的记速器、垂直海流针被海浪打得遍体鳞伤。这不是一个好的开始，但对两名探险家而言，糟糕的环境反而激发了他们的斗志。在对"的里亚斯特"号深海潜水器进行了缜密的检查之后，他们发现它只损坏了几件仪器，完全不会影响到这次探险，于是，在阴沉潮湿的天气中，二人按照计划开始下潜。

由于潜水器的主体部分由调节浮力的压载水舱占据，雅克和唐纳德只能挤在一个直径 2 米多的球形舱里，通过一个很小的有机玻璃窗户观察外界。他们在海沟越潜越深，周遭除了潜水器被巨大水压压迫所传出的嘎巴嘎巴响声以外，一片静寂。离海底还有一段距离，突然发现有一片微弱的荧光闪烁。这是一群闪着磷光的深海浮游生物，它们就像夜里打着灯笼四处玩耍的小朋友，被突然到来的过于庞大的潜水器着实吓了一跳，纷纷远离这个"怪物"。这段小插曲结束不久，他们便到达 10 916 米的深度，此时距离他们开始下潜已经过去了 4 小时 47 分。因为条件限制，他们只在这里停留了 20 分钟就匆匆返回，且窗口沾满淤泥，无法拍摄到照片，但在有限的视野范围内，他们看到了一些海沟里的生物，再次证明了深海中有生物存在。

多年后，雅克写的日志被曝光，人们在里面发现了他曾记载的不为人知的事情。原来，他们下潜到海沟深度一半时，发现潜水器旁边有一个巨大的黑影，这个黑影状若圆盘，悄无声息地停留在

"的里亚斯特"号深海潜水器，下方的圆球就是载人舱

雅克和唐纳德挤在一个直径 2 米多的球形舱里

艺术家笔下的"的里亚斯特"号深海潜水器深海探测场景

他们附近，几秒钟之后便游走了，彻底消失在他们的视野中。由于它出现得很突然，两个人也没有看清楚到底是什么生物。科学家推测，这个黑影可能是某种史前生物，但具体是什么，谁也不能肯定。海沟里还有什么我们尚未知晓的秘密？那个黑影到底是什么？还有没有其他巨大的生物在海沟生存？科学家迫切地想找到这些问题的答案。

带着对海沟的诸多疑问，1985 年，美国的一艘科考船载着科研人员来到马里亚纳海沟所在海域。他们将一个巨大的球形探测装置沉入海底，很快就接收到探测器传来的奇怪声音，几乎是同一时间，连接摄像头的电缆也突然绷得紧的。为了保护设备不被损坏，科研人员急忙将设备往科考船的方向上拉，但是，奇怪的事情又发生了——钢缆被一股神秘力量来回拉扯，与科研人员足足僵持了三个小时。最后，这股力量减弱，探测器终于被成功拉回船上。此时的探测器，表面伤痕累累，一部分钢缆也已经断裂。难道是在海下撞上了岩石？但是这次探测的区域已经被测量过，没有复杂地形干扰，应该不会对探测器造成这么大的损伤，那股力量也绝不像是被石头卡住后产生的拉力，而且就算真的被卡住了，探测器也会发出信号提醒。那么这些伤痕和那股奇怪的力量是什么原因造成的呢？生物学家们在之后又进行了第二次调查分析，他们怀疑"幕后操纵者"是巨齿鲨，因为只有它们才能把坚硬的钢缆咬断。作为一种史前生物，巨齿鲨只能通过它们的化石告诉人类它们曾经的辉煌：体长约为 22 米，重达 50 吨，是现在鲨鱼的祖先！雅克日志里记录的那个巨大黑影，也很有可能是它。不过这些归根到底只是猜测，直到今天也没有人有办法确认这个猜想的正确性。

2012 年 3 月 26 日，卡梅隆乘坐"深海挑战者"号潜水器

"深海挑战者"号潜水器入水

时光飞逝，转瞬间已经来到 2012 年的 3 月 26 日，酷爱海底探险的著名电影制作人詹姆斯·卡梅隆独自驾驶着"深海挑战者"号潜水器，抵达马里亚纳海沟近 11 000 米的底部。他一个人坐在潜水器中，静静欣赏着深海的一切，窗外一片荒芜，宛如外星球。他贪婪地捕捉着眼前的每一帧画面，同时暗自感叹，在这幽深广袤的海底，人类是多么渺小，随之涌上心头的是一阵浓郁的孤独感。带着这种复杂的心情，卡梅隆完成了自己长达三个小时的深海之旅，这期间他用高清 3D 摄像机拍摄了水下 10 898 米的景色和生物。这是人类第二次来到马里亚纳海沟底部，卡梅隆更是成为孤身潜入地球最深处的第一人。

深水里有"蛟龙"

人们对马里亚纳海沟的探索离不开探险型载人潜水器的帮助，而这种潜水器的主要目的不是科研，常常使用不了几次就会退休。若要进行持续性的科学考察，还得依靠作业型载人潜水器，它们是科学工作的得力助手，而"蛟龙"号载人潜水器，正是后者中的佼佼者。

所谓"涉浅水者见鱼虾，入深水者见蛟龙"，潜入海洋深处，总会有别样收获。"蛟龙"号载人潜水器参加了多次深海作业，在马里亚纳海沟如此神秘的地方，怎能少了它的身影呢？几乎紧随着卡梅隆的探险，2012 年 6 月 15 日，"蛟龙"号载人潜水器在马里亚纳海沟进行了第一次试潜。它载着科考队员在水中逐渐下降，终于成功来到水下 6 671 米。这之后，"蛟龙"号载人潜水器便成了马里亚纳海沟的"回头客"，前前后后下潜数次，最深一次潜到了 7 062.68 米的位置，刷新了我国人造机械载人潜水的记录，也刷新了多人载人深潜器下潜的最深记录。

在海沟的每一次下潜，"蛟龙"号载人潜水器都带着不同的使命。比如，了解海沟两侧的微地形地貌和断层等地质特征，在不同水深区采集岩石、沉积物等样品，这些可以帮助科学家研究海沟的沉积环境和地质演化。如果同时拍摄了高清照片或视频，又采集到生物样本，就能为海沟的底栖生物多样性及空间分布研究提供基本研究材料。再如，获得海沟

"蛟龙"号载人潜水器

底层水体的基本环境特征，有助于揭示深渊水平环流结构以及它的时空变化和动力机制；而掌握深渊沉积物、铁锰氧化物、岩石的矿物学与地球化学特征，就能帮助我们进一步认识深渊底部物质来源与地质活动规律。

除了"蛟龙"号载人潜水器外，我国的深海考察还有其他帮手。2016年6～8月的马里亚纳海沟十分热闹，"探索一号"科考船正在这里开展我国第一次综合性万米深渊科考活动，由我国自主研制的"海斗"号无人潜水器成功下潜到10 767米的海底。我国的科学家也首次获取了万米以下深渊及全海深剖面的温盐深数据。继"蛟龙"号7 000米海试成功之后，我国海洋科技的又一里程碑就此树立，我国的深潜科考开始迈入万米时代。2020年11月10日，"奋斗者"号全海深载人潜水器在马里亚纳海沟成功坐底，深度为10 909米，创造了中国载人深潜的又一奇迹。

在这个地球最深的地方，无数科学家努力拨开眼前迷雾，全世界对马里亚纳海沟的探索还在继续，有关它的更多未解之谜也在等待我们找出谜底。

"探索一号"科考船回收"奋斗者"号全海深载人潜水器

深渊里的"怪兽"

深海里，有海底花园一般的海山，也有化荒漠为绿洲的热液生态系统和冷泉生态系统，深海生物给海底带来了勃勃生机。而在伸手不见五指的海沟里，一些生物各司其职，构成了深渊生态系统。因为海沟环境带来了更加艰巨的科研考验，所以相比于其他领域，我们对海沟的了解还远远不够。不过可以确定，位于深度6 000 ~ 11 000米的生物明显不同于6 000米以浅的生物，也就是说，海沟生物比我们之前认识的其他深海生物还要奇特。

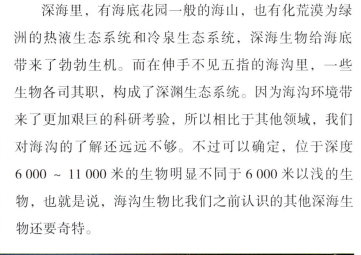

马里亚纳海沟生物

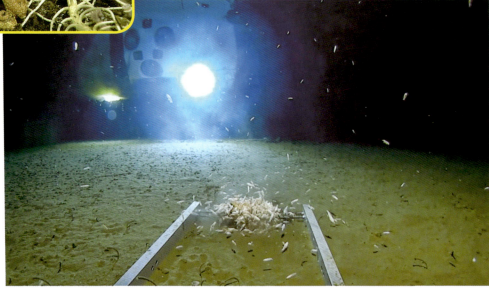

马里亚纳岛弧南部的东迪亚曼特海底火山附近的生物

海沟生物的生活环境

得益于海沟本身与生俱来的 V 形结构，海沟生物拥有了得天独厚的生长环境。V 形结构让海沟两边像滑梯一样，海洋真光层落下来的浮游生物残骸、粪便以及微生物等有机碎屑所形成的"海洋雪"无法在此停留，只能沿着侧坡慢慢地往下沉，久而久之，海沟底部区域就有了丰富的有机碳沉积。这些有机物吸引来一些以之为食的生物，如细菌等微生物、线虫等小型底栖动物，进而鱼类活动也多了起来。虽然对海沟生物而言，这些食物的品质一般不会太好，但是它们的输送量巨大且能保证持续输送，所以对这些"从天而降"的食物，海沟生物依然来者不拒。鱼类等海洋动物的残骸，沉降速度要快一些，虽然十分稀少，但富含多种优质脂肪酸和蛋白质，有助于提升海沟生物多样性。

另外，由于地质构造的特殊性，海沟又是甲烷冷泉区和热液喷口的分布地，所以除了以这些掉下来的食物为生外，海沟生物也有自己稳定的食物供给者，那就是化能合成自养微生物，它们承担着生态系统中生产者的工作。在化能合成生物的

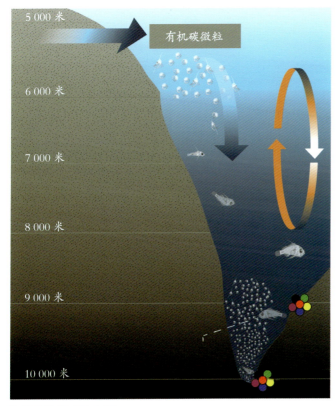

海沟生物的食物来源

有机碳微粒

5 000 米
6 000 米
7 000 米
8 000 米
9 000 米
10 000 米

作用下，海沟底部有着丰富的有机物，小型底栖生物能在这里大饱口福，大型底栖生物也来到此处掘穴觅食。在海沟里，端足类生物最为常见，是很多海沟生物的重要食物来源，在不同的海沟里所采集到的生物标本中，它们所占比例常常是最多的。在海沟生物走向生命尽头时，也有腐食性动物以清洁工的身份过来分解它们的尸体，将其所含的有机物转换为简单

在克马德克海沟发现的端足类动物，最大的一只体长达34 厘米

中国"彩虹鱼"3 号着陆器在马里亚纳海沟采集的端足类生物样品（新华社记者岑志连 2016 年 12 月 27 日摄）

的无机物。海沟生物的食物链是环环相扣的，海沟生物群落早已经形成了稳定的生存模式。

地形不仅为海沟底栖生物建造家园提供了一臂之力，也影响了水流。海沟中的水流速度总体比较稳定，并且深度越深，流速越慢，而水流速度减慢，就无法带走沉积物，因而在底部流速最慢的地方，沉积物保存得最好。新来的沉降颗粒物，一旦进入海沟沉积物中，便很难再被水流裹挟走。经过这样长年累月的堆积，海沟沉积物就给海参类、端足类生物和微生物等提供了生儿育女的温床。

"怪兽"都有谁？

海沟底部最常见的单细胞生物之一是有孔虫，它们生活在海底沉积物中。有孔虫通常会形成坚硬的碳酸钙外壳来保护自己，肚子饿的时候便从外壳上的孔洞中伸出细丝状的伪足来捕食。然而，马里亚纳海沟底部的巨大压力会溶解碳酸钙等矿物质，所以生活在这里的有孔虫无法像浅海同类那样制造碳酸钙外壳，而是用自己的分泌物黏合起海洋沉积物中的沙子和死亡微生物，二者的化学构成都包含二氧化硅，其分子结构紧密牢固，具有很强的抗压性。

瞧！有一只胖乎乎的家伙向这里游来。它体长 30 厘米左右，身体就像个椭圆的肉球，长着小小的黑眼睛，离近些还能看到它的嘟嘟嘴，再加上一对大大

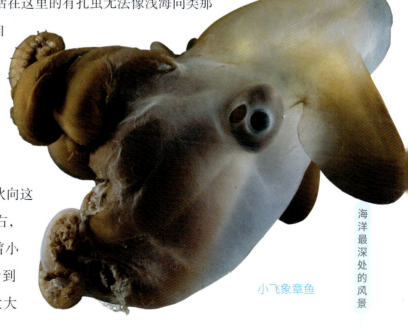

小飞象章鱼

海洋最深处的风景

的"耳朵"呼哧呼哧地扇着，宛如一只可爱的小飞象。其实，它是一种章鱼，虽然没有八只长触手，但有着蹼状触手，这让它这一族普遍具有伞状外观。因为这一对大"耳朵"，这种章鱼被人们赋予"小飞象章鱼"的爱称。

深海角鮟鱇

除了外形奇特的章鱼外，海沟里的其他鱼类也个性十足。比如一种角鮟鱇，长着一张大嘴，里边布满尖锐的牙齿，看起来面目狰狞，让人不寒而栗。它身体上的标志物，就是头顶上伸出来的那个像灯笼一样的发光体，黑暗中，其发出的光会吸引来猎物，它就能趁机一口将其吃掉。

巨银斧鱼是海沟鱼类的另一个代表。它长得像一把银色的斧子，身上鳞片颇有金属质感，像披上了银光闪闪的盔甲。它的个头很小，最大也只能长到 15 厘米左右。它的体内也有能够调节亮度的发光体，用巧妙的伪装技术来反复照亮自己的身体：光线明亮时，小型生物会被亮光吸引游到近处，最终成为巨银斧鱼的美食。但亮光也可能吸引来大型动物，为了保护自己，它能及时收敛光芒，

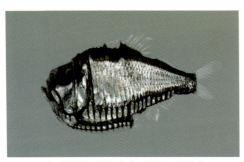

2003 年在塔斯曼海海山发现的巨银斧鱼

随着光线昏暗乃至消失，它的轮廓也逐渐变得模糊，直到融入周围漆黑的环境里，这样就能在捕猎者面前逃过一劫。

马里亚纳海沟里还有一种很美的水母，顶部是直径通常为 2 ~ 3 厘米的圆球，被称为"铃"；下方有上千只纤细的红色触手，触手在水中拂过，用于捕食小

型甲壳类动物和细小的单细胞生物等。看它的模样，简直是一个光芒万丈的小太阳。

这些海沟动物生活得逍遥又自在，在深海里构成了一道美妙的生命风景线。

马里亚纳海沟的水母

古怪面容为生存

海沟动物的外貌十分奇特，有的甚至面目狰狞，绝大多数动物的身体还会发光。那么，为什么海沟动物的生理特征如此特殊呢？这是由极端的深海环境造成的，生活在海沟的动物，无时无刻不在挑战极限。

达尔文的生物进化论告诉我们"物竞天择，适者生存"，生物进化便是生物适应环境并不断被大自然淘汰的过程。相较于其他环境，海沟所能提供的食物毕竟有限，动物为了节省活动所需的能量，在进化过程中便留下了对能量利用率最高的个体。大多数海沟动物都有发光的能力，发出的点点星光可以吸引小型鱼类；有的动物长满了长须，可以在昏暗环境中模拟浮游生物来吸引小型鱼类。守株待兔地等待食物自己送上门来，比起自己游来游去地捕食更能节省能量。很多鱼类长了一颗硕大的头颅，或一张夸张的大嘴，还有一口细长而尖利的牙配合抓捕和固定食物，这有助于把食物整个吞进肚里，减少撕咬对能量的消耗。鮟鱇鱼巨大的下颚、比大多数鱼类更有弹性的肚子，则是为了更好地储存食

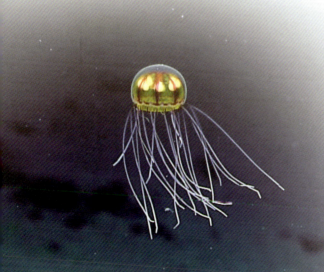

海洋最深处的风景

物。同样，动物在维持体内细胞分裂的时候常常要耗费能量才能保持对称性和规律性，个别海沟生物的长相毫无规律可言，面目尤为恐怖，便是放弃了形态结构的对称性和规律性的表现，这在生长过程中最大限度地减少了对能量的消耗。

深海狗母鱼依靠触觉和振动感受外界

无尽的黑暗也是海沟动物形象怪异的原因之一。为了感知周围的环境，各类海沟动物大显神通：望远镜章鱼、短吻拟深海鲑等生物有着巨大的眼睛，能够捕捉到微弱的光；角鮟鱇、巨银斧鱼自身能发光，仿佛自带"车前灯"照亮前方；深海狗母鱼则直接放弃了视觉，仅仅依靠触觉和振动来感知周围环境。

低温和高压环境也会改变动物的身体构造。动物细胞膜中的脂质受到低温高压的双重影响变为固态，细胞膜便失去了流动性而无法完成正常的生理功能。为应对这一问题，海沟动物在进化过程中增加了细胞膜内不饱和脂肪的比例，这些脂肪在低温下也呈现为液态，这便保持了细胞膜的流动性。压力还会对动物体内的蛋白质三维结构造成很大的影响。为了更好地承担起多种生理功能，蛋白质分子需要自由地改变它们的体积和形状，但这在高压之下很难实现。这就像吹气球，在陆地上吹气球易如反掌，若在泳池底部吹气球，就没那么容易了。为了防止体内的蛋白质被"压扁"，海沟动物的细胞中逐渐生成了一类如"氧化三甲胺"这样的有机小分子，这类分子能与水分子紧密结合，使蛋白质具有更大的空间，并阻止水进入蛋白质内部对其造成挤压。

奇幻魅影

　　跨过海盆，爬过海山，看过洋脊，探过海沟，让我们走近神秘幽深的"海洋之眼"蓝洞、顺着峭壁向下倾泻的海底瀑布、迷人却让海底生物不寒而栗的"死亡冰柱"……探索大自然的一个个神秘杰作。

　　海洋何其浩瀚，除了宛如巨龙的大洋中脊、表面粗糙而崎岖的大陆坡、平坦无垠的深海平原……海底的主要地貌还有无数大自然留下的不可多得的杰作，也有人文历史的记载，它们同样能引起我们视觉的震撼、心灵的激荡。

蓝洞鸟瞰图

海洋的"蓝眼睛" ▶▶▶

因为海底地形高低不平，从空中鸟瞰，海水颜色也显得深浅不一，这本是极为正常的显现。可是，在有些地方却出现了一片深蓝色的圆形水域，和周围明显区别开来，就像大海睁开了它深邃而神秘的蓝眼睛，静默地注视着天边云卷云舒。这就是有着"海洋之眼"之称的蓝洞，它是隐藏在海水表层之下的深邃洞穴，因为蓝洞水深远大于周围海域，其颜色比周围海水蓝得多而得名。

传说在遥远的古罗马时代，有人曾跑进一个蓝洞里探险，这件事情被一传十、十传百，最终，蓝洞成为古人口中巫婆修炼魔力的洞穴。无独有偶，在我国西沙群岛的永乐环礁上，也有一只海洋的"蓝眼睛"——永乐龙洞，因为一个传说，渔民对它充满敬畏。原来，这个蓝洞在当地百姓的心中是深不可测的"龙洞"，里边生活着巨大的海怪，船只常常要绕开它行驶。

另一传说则指出"龙洞"里藏着的不是海怪，而是南海的镇海之宝——"定海神珠"，因此这个"龙洞"就被称为"南海之眼"。

第三种说法更神奇了：这里曾经是放置"定海神针"的地方，当年孙悟空大闹龙宫，一下子拔走定海神针，将其变成了自己的武器如意金箍棒。他威风凛凛地离开龙宫，而定海神针所在的位置却成了这个深不见底的"龙洞"。

这些传说为蓝洞增添了更多神秘奇幻的色彩，被人们在茶余饭后提起来，不失为一桩乐事。

奇幻魅影

永乐龙洞鸟瞰图

蓝洞是这样形成的

大自然就像一个技艺出神入化的雕刻大师，无论是地质沉降，还是水流侵蚀，或是风力作用，都可能是它在"雕刻"陆地山洞时使用的手法。那么，它在开凿海底洞穴时，又是用的什么方法呢？

海底的环境与陆地截然不同，大自然在开凿海底洞穴时着实下了不少功夫。很久以前，地球还处于盛冰期，与今天相比，那时的海平面要低得多。比如，在距今 1.9 万 ~ 2.1 万年的末次盛冰期，海平面比今天的要低 110 ~ 150 米。海面降低，相对较浅的大陆架近岸便暴露在阳光下。露出水面的岩石如果是石灰岩，而地下水却往往是弱酸性的，二者相遇会发生化学反应，石灰岩长时间受到地下水的侵蚀，便在地面之下逐渐形成一个空洞，和陆地上岩溶地貌区里的溶洞类似。地下的溶蚀作用持续进行，洞穴越来越大，终于有一天，多孔疏松的石灰岩穹顶因为多种自然因素轰然塌陷，原来的大陆架近岸变形成一个竖井一般的、边缘陡峭的"落水洞"。后来，随着时间的推移，地球进入间冰期。这时候，冰雪消融，海水上涨，海平面逐渐上升到原来的高度。露出海面的大陆架逐渐被海水覆盖，"落水洞"里边也被灌满海水，连洞口也被彻底淹没，于是，蓝洞就出现了。

这类蓝洞里面保存有大量千姿百态的石笋、石钟乳，洞穴也不是完全封闭的，洞壁上有裂隙，很容易形成若干个与洞穴之外的海水相连的通道，洞里的水因而可以与外边的海水进行小范围的

蓝洞石笋

交换。目前发现的大多数海洋蓝洞，如巴哈马群岛的伯利兹大蓝洞和迪恩斯蓝洞、太平洋的塞班岛蓝洞、意大利的卡普里岛蓝洞，都是这样形成的。

还有一类蓝洞，与珊瑚礁有着千丝万缕的关系，澳大利亚西南外陆架的豪特曼－阿布罗尔霍斯珊瑚礁蓝洞是个中翘楚。从1万年前到今天，那片海域的珊瑚礁就像在长身体的孩子，使劲地往上长。许多快速生长的小而尖的珊瑚礁形成棘状突起并聚集在一起，最后形成近似圆形的洞。洞的内部水环境由于含有的有机质食物较少减缓了珊瑚的生长，而外部的水环境依然有利于珊瑚生长，经过漫长的时间，

豪特曼－阿布罗尔霍斯珊瑚礁蓝洞鸟瞰图

这里便发育成为蓝洞。在这类蓝洞里，几乎找不到石笋和石钟乳，洞里也没有和外部海水发生交换的通道，而珊瑚砂则供应充足。初步研究认为，永乐龙洞就属此类。

世界蓝洞之"最"

最迷人的蓝洞

全世界海洋中分布着许多大小不一、形状各异的蓝洞，在一众蓝洞中脱颖而出的，便是伯利兹蓝洞。它位于中美洲伯利兹城东面的海域，在大巴哈马浅滩的

伯利兹蓝洞

海底高原边缘的灯塔暗礁处。它能成为蓝洞中的翘楚，得益于它近乎完美的圆形洞口。这个洞口的直径超过305米，深度达到123米，洞口四周有两条珊瑚暗礁环抱着，从高空鸟瞰，水波不兴，神秘幽深，仿佛下一瞬间就要将你吸进去。

伯利兹蓝洞是典型的石灰岩溶洞，也是许多海洋生物的避风港，洞里海绵和珊瑚妩媚多姿，梭鱼和天使鱼穿梭其间，洞边常年有鲨鱼游来游去，再加上上百米的深度、隐匿在黑暗中的石钟乳群，危险与魅力并存的伯利兹蓝洞一跃成为闻名遐迩的潜水胜地之一，甚至在潜水界有"平生不潜此蓝洞，即称高手也枉然"的说法。

最深的蓝洞

虽说伯利兹蓝洞风光无限，但若论深度，它却远不及位于我国南海三沙市的永乐龙洞。这个携带着奇妙传说的洞穴，洞口直径只有130米，形状也不规则，但深度达到了300.89米，是目前世界上已知的最深的海洋蓝洞。

我国科学家曾对它进行勘测，发现到20米水深时，洞穴直径就缩小为68米左右；20米以深就一直是陡峭的垂直洞穴；到160米时，洞穴又向北边转折和倾斜；越往下，洞壁越窄，到了洞底，直径就

永乐龙洞地标

奇幻魅影

三沙市的永乐龙洞

缩小到 36 米了。"龙洞"底部是不规则的圆形，覆盖着微细的珊瑚礁碎屑等沉降物，水下机器人从洞口一路探测到底部，始终没有发现类似石钟乳和石笋的物体。这充分表明，永乐龙洞属于珊瑚礁生长结构型，它的洞壁没有与外海连接的通道，所以洞内水体几乎静止。而水循环较弱，使得某一水深之下都处于缺氧状态，绝大多数海洋生物对这种环境避之唯恐不及。经过探测，"龙洞"从水深 105 米左右开始，洞中的氧含量便趋向于零，一直到洞底都是无氧环境，所以这里没有浪漫梦幻的珊瑚和海绵，更没有千奇百怪的海洋鱼类，只有厌氧细菌能在这里悠然地享受静谧时光。

在永乐龙洞的真光层内，可是热闹非凡：这里生活着各种珊瑚和鱼类，如狮子鱼、鹦嘴鱼、横带扁背鲀、巨蛤、刺斑锚参，与周围海域的物种没有什么不同，它们在"龙洞"上部自由灵活地游走穿梭，给这里增添了不少生机。蓝洞的水虽然看起来都是湛蓝纯净的，却有大量悬浮物，永乐龙洞里的水也不例外。这些悬

一种几乎失明的巴哈马洞穴鱼
在蓝洞中生活着

浮物来自随海潮漂浮而入的细小珊瑚碎屑、藻类、微生物，在光线的映照下，就像纷扬雪花随风起，美轮美奂，在这里观赏"海洋雪"，或许会有不同的感受。

藏身大海的瀑布　▶▶▶

无心插柳柳成荫

　　探险家皮卡尔曾潜入海中，他如往常一样打开海底探照灯，突然发现前方水流十分异常，他还未反应过来，潜水器猛地向前滑动了50多米，接着就像失重了一样往下坠落，如入深渊。好在这次经历有惊无险，事后海洋科学家推测海底可能有瀑布的存在。后来的一次科考活动，科学家无意间真的发现了海底瀑布的存在，让人们再一次被大自然的鬼斧神工所震撼。那本是一次再寻常不过的科学调查，科研人员正在格陵兰岛沿海的航线上测量海水的流速，水流计沉入水中后，几次都被强大的水流冲坏，影响了正在进行的调查工作。不过，科研人员敏锐地捕捉到这件事情的非比寻常，他们判断，这里的水流如此汹涌，海底一定有峭壁陡崖，大量海水倾泻而下，势必会影响上方海水流速。这个发现立即引起了学界的重视，经过后来多次的专业测量，他们终于可以肯定有瀑布藏身于海底！

陆地上的瀑布并不少见，在河流流经断层等有落差的区域时，尤其在中上游地区，流水从高空跌落便形成了瀑布。广义的瀑布是指"流水在垂直方向上的跌落现象"，按照这个说法，只要能在海洋中发现明显的流水垂直跌落现象，就能判断海底有瀑布了。

独领风骚千百年

超越"陆地之最"

陆地上最大的瀑布当属委内瑞拉境内的安赫尔瀑布。它的落差为 979 米，平均水流量高达每秒 1.3 万立方米，可

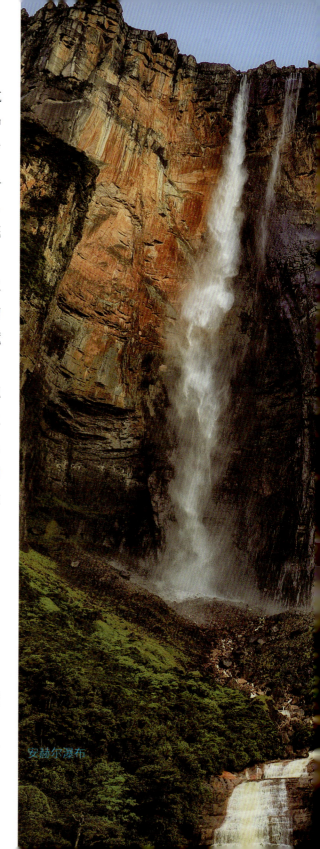

安赫尔瀑布

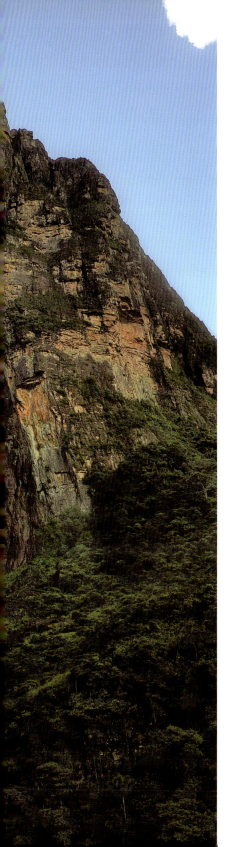

这个堪称"世界之首"的瀑布，若要与海底特大瀑布相比，那就是小巫见大巫了。在格陵兰岛附近发现的海底瀑布，位于丹麦海峡的海面之下，宽约2 000米，深度约为200米。它藏在200～3 700米深的海洋之中，每秒有500万立方米的水沿峭壁飞流直下200多米，随后又沿着缓坡顺流而下，总落差达到3 500米。要知道，世界上流量最大的亚马孙河，每秒流量接近20万立方米，这个海底瀑布的流量竟是它的25倍！

丹麦海峡大瀑布一举成为世界上落差最大、流量最大的瀑布。虽然我们不能目睹海水跌落的壮观画面，但能尽情想象比"飞流直下三千尺，疑是银河落九天"还要恢宏磅礴的气势。

丹麦海峡大瀑布

海洋的"空调"系统

海底瀑布并非只有一个，科学家又接连发现了其他成员，比如冰岛－法罗瀑布、巴西深海平原瀑布和南设得兰群岛瀑布，海底瀑布一族的规模正在不断扩大。

海底瀑布不仅仅是奇特的自然景观，还有着调节不同海域海水温度及含盐量的独特本领。地球上的海水一直是一个连续的整体，并处在不断的运动中。天体间的万有引力引起了海水的潮涨潮落，而球体的外形，让太阳辐射不能均匀地传递到地表，使得低纬度海域的海水温度高，高纬度的海水温度低。如果海水静止不动，这种温度差异会持续拉大——温度高的海水继续升温，温度低的海水不断冷却。好在海洋里有洋流运动对其进行了"调节"：低纬度地区的海水会向高纬度运动，并把热量带到高纬度地区；而高纬度地区的海水比低纬度海水的密度大，在温度高的海水流过来的过程中温度低的海水下沉，补充到低纬度地区，从而形成环流。

洋流运动

在位于高纬度地区的格陵兰岛海域，大量温度低的海水垂直下沉，并在海底扩散，这时候，如果碰到海底山脉所形成的悬崖峭壁，下沉的海水就会顺着峭壁向下倾泻，海底瀑布便形成了。由于倾泻而下的温度低的海水会很快与温度高的海水混合扩散，海底瀑布便能促使北极海区温度低且含盐量高的海水向赤道附近的暖水区不停地流动。

海底瀑布的产生与洋流运动有着密不可分的关系，它维持着水动态平衡，进而影响着世界气候变化和生物生长，是海洋的"空调"系统中独特的一部分。

海底淡水井 ▶▶▶

尽管海洋占了地球表面积的大约71%，但因为海水过高的含盐量，面对着如此庞大的水资源，我们却不能直接利用，海水需要经过层层工序淡化后才能被人们使用。不过，你知道吗？海里边也有大量的淡水资源，它存在于海底之下具有较大空隙的地层或构造中，有的沿着这些地层或其他构造在海底的出口喷涌而出，形成淡水泉，有的则渗泄而成弥散型海底淡水泉。这些淡水的颜色、温度等也都和周围的海水有明显不同。从海洋里直接开采淡水资源，就像在海里打水，所以那些海洋里的淡水区就被形象地称为"淡水井"。

淡水井

迄今为止，人们已经发现了海底存在大量含有淡水的地层。例如，在美国佛罗里达半岛与古巴东北部之间的海域，就有一处直径约30米的淡水井；夏威夷群岛海域的淡水井甚至有200多处；而位于希腊东南方的爱琴海海底，也有一处涌泉，一昼夜能涌出100万立方米的淡水！俄罗斯的考察船在黑海行驶时，看到有一片区域的海水像煮沸了一样在翻腾，科考队员取水吮吸，顿觉一股甘甜清凉之气沁入心脾，不是淡水又是什么呢？

海底淡水从哪来？

海底淡水从哪来？各国科学家经过艰辛的探索研究，提出很多内容迥异的理论，最有代表性的理论有渗透理论、凝聚理论、岩浆理论和沉降理论。

支持渗透理论的科学家认为，海底的淡水资源来自陆地。海洋每年有 33 万立方千米的海水被蒸发成水汽，这些水汽在天空遇冷后便化为雨雪重新回到地面。有一部分降水会渗入地下，在不断下渗的过程中，如果遇到不透水的岩层挡路，就"随遇而安"地留在原地，日久天长，这个地方便成了地下的蓄水层。假若这蓄水层靠近大海，并和海底岩层相通，淡水便流入了海底的岩层中，成为海底的淡水资源。同样认同渗透理论的另一些科学家则持有不同看法。他们认为海底的淡水不是现在形成的，而是来源于地球的冰川时代。这和蓝洞的形成很相似：当时海平面降低，与大陆架相连接的海床暴露在外，冰川融化后的淡水渗透到当时的陆地之下，得以储存，在海平面上升之后，这些被储存下来的陆地地下水就成为海底淡水。

冰川

然而，凝聚理论的支持者却提出质疑，因为地面上的淡水只能渗入海底的一定深度，而在这一深度界限以下仍有淡水，这些淡水难道也是来自陆地吗？当然不是。海底岩层里蕴含着空气，空气中又有水蒸气，所以，海底的淡水应该是海底岩层里的水蒸气凝聚而成的。

然而这两种说法都无法解释几千米深的海底一直在涌出的淡水来自何处，于是，奥地利的一位地质学家又提出了岩浆理论。按照他的说法，地球深处存在着"放气带"，那里时时刻刻都在释放着可观的气体，其中不乏氧气和氢气，二者相互结合，便形成了岩浆水（又称原生水）。后来的一些科学家在此基础上做出进一步假设：也许地球的水圈是在气体作用下形成的，它在地表内层，而地球内层含气体的矿物岩浆上涌到一定程度，就逐渐凝聚、结晶，携带的气体在这个过程中逐渐被释放，于是，矿物岩和液态水便都形成了。如果继续按照这个假设推算，地球内部就有140亿立方千米的岩浆水，约为地球表面水量的10倍。

沉降理论的支持者也提出了另一种思路：海水中裹挟的大量泥沙，层层沉积在海底，位于下层的沉积物在重力的作用下，里边的水分被挤出来；被挤压而出的水又随着沉积物的下降，被带入地层更深处，形成了地下水。这就是沉降理论。

这些理论观点不断相互碰撞出科学的火花。虽然海底淡水的由来还没有确定，但不断更新的理论就像一级级台阶，帮助我们继续前行。

海底淡水化身诱人"奶酪"

早在1977年，联合国水资源委员会就已向各国发出警报：在未来，淡水供水不足将成为一个巨大的危机，到2050年，地球很可能会出现水荒。淡水资源濒临短缺已成为我们不得不面对的现实问题之一。联合国曾做过统计，截至2017年，全球仍有20亿人无法获得安全饮用水。

科学家围绕"开源"和"节流"两个方向制定了不同的对策，呼吁人们减少浪费、循环使用，同时，很多国家都在设法将海水转化为淡水。可是，海水脱盐的方法，或者成本高昂，或者能源消耗大，或者会对环境造成二次危害，尤其对于那些贫困国家，目前来看还不是一个最理想的方法。这时候，海底淡水资源便成了各国都想分到一块的"奶酪"。

对海底进行的钻探表明，海底的淡水层可能远远超乎科学家的预估，如果适当开发海底淡水，陆地地下水濒临枯竭的现状就能得到缓解，而那些缺乏淡水的大洋沿岸地区，更能近水楼台先得月，利用海底淡水满足居民对淡水的需求。前文提到的爱琴海淡水区，就是一个例子。人们在那里筑起海上大坝，将海水和淡水隔开，再将淡水引到陆地上，沿岸 3 万公顷干裂的土地终于得到灌溉。我国也存在大量海底淡水资源，尤其是舟山北部海底，这是大自然赠予我们的宝贵礼物。虽然我国科学家已经有了许多相关研究成果，但淡水资源的开发与可持续利用依旧任重道远。

这个"杀手"有点冷 ▶▶▶

每年冬天，雪花飞舞，为大地换上银装。待到雪霁风停，暖阳倾城之时，推开房门，屋檐垂下的大小不一的冰柱在阳光的照射下显得晶莹透亮，偶尔还能折射出七彩的光带，让冬天别有一番味道。这是雪后经常能见到的画面，而远在地球两极的海底，也有一些冰柱从海面向下伸展。

海底冰柱

这冰柱看起来更像轻盈的棉花，比陆地上的冰柱还要迷人。等它顶端触碰到海底，便打个弯，沿着海底一路铺展。

海底的海星和海胆看到这个突然到来的陌生家伙，好奇地凑上前去，在碰到它的瞬间，全身都被冻住了，可怜的海星挣扎不开，只感受到越来越冷，最后，慢慢失去知觉。这个冰柱还在继续延伸，所到之处，不知夺走了多少海洋里的生命，它就像一个从天而降的死神，来不及躲开的海洋生物，都被它散发出来的

"死亡冰柱"降至海底，沿着海底延伸，冻住了沿路的海星

"死亡冰柱"

寒气活活冻死。正常潜水航行的潜水器，碰到它后处境也会凶险万分；而如果在布雷区，水雷接触到冰柱甚至会直接爆炸。因为海底冰柱成了一个巨大的威胁，于是，它虽然有"海洋钟乳石"之称，但远不如它的另一个名字——"死亡冰柱"叫得响亮。

"死亡冰柱"也委屈

同样是冰柱，陆地上的成了雪后的美景，还经常被孩子们掰下来玩耍，而"死亡冰柱"却造成死伤无数，让大家避之唯恐不及。但"死亡冰柱"也十分委屈，它是天然形成的，从没有想过自己会带来这么多麻烦。

原来，"死亡冰柱"之所以只会出现在两极的海洋里，是因为它的出现离不开足够低的温度。在地球的南北两极，每年的平均气温大约为 -20℃，到了冬天只会更冷，而海水的温度却只有 -1.9℃。海水含盐量高，一般很难结冰，但当海面温度降低到一定程度，盐分就会逐渐析出，海水就开始结冰。在冰柱的上层形成之后，析出的盐分溶解

于周围的海水中，导致这部分海水的含盐量增大，成为高盐度的海水。这些高盐度的海水，又冷又咸，密度还大，不仅很难结冰，还会不断下沉。在它离开海冰下沉的过程中，会瞬间冷冻下方尚未结冰的海水，于是，在它的周围便会形成冰柱。随着海水的下沉，冰柱也在以肉眼可见的速度不断延展，直到与海底接触，打一个弯，沿着海底铺展开来，碰触到它的物体都会被冻住。

面对这样一个对海洋生物造成致命威胁的"死亡冰柱"，不必慌张，大自然在保护地球的生态平衡上自有一套方法——冰柱靠海面的低温来保持快速向下延伸的状态，等到海面温度变高，"死亡冰柱"就逐渐融化于海水中了。

又一个生命之源？

海洋里的这个杀手由内到外都散发着寒冷之气，因"死亡冰柱"而死的动物不胜枚举。不过，虽然它看起来像死神一样，但在科学家眼里，却有可能是生命起源的地方。

以前有人推断生命是在一个热环境里诞生的，热液喷口就是一个理想的"生命摇篮"，这个说法得到很多人的支持。但是在科学界，总有一些人敢于打破常规，他们从另一个角度出发进行研究，指出"死亡冰柱"的形成过程可能为地球第一个生命的诞生创造了条件。这是因为，当死亡冰柱在极地海洋中向下延伸时，盐分也在析出，这样一种脱盐净化的环境，十分有利于原始生命的孕育。

死亡冰柱推动盐水在海冰中的转换，也像热液喷口之于生命热环境起源说一样，在生命冷环境起源说中扮演着重要角色。

极地海洋

沉没的世界：海底遗迹 ▶▶▶

在距今约 180 万年前的冰河时代，地球上开始有猿人出现，直到距今 1.2 万年前的最后一次冰河期趋于结束时，才开始有人类文明的存在，而 5 000 多年前留下的文字符号才是我们判断人类历史时期的依据，在此之前的时期则为史前时代。这是我们目前对人类文明发展历程的既有认知，然而，现实却总会带给人一些意想不到的惊喜。科学家在海底陆续发现的文明遗迹，不仅有精巧的建筑和工艺水准，也显示出了令人惊叹的古代文明。通过现代科技推算，这些海底遗迹所在的位置都是在数万年甚至更久远以前存在于海面之上的。这大大颠覆了我们对人类文明历史的认知，在古老的史前时代，很可能曾经存在着高度发达的人类文明。而在人类漫长的历史长河中，这些文明仅留下部分残垣断壁向人们诉说其曾经的辉煌。

"失落之城"

早在公元前 350 年，柏拉图就在《对话录》中描述了一座名叫"亚特兰蒂斯"的古城。那是一个面积超过利比亚和小亚细亚面积之和的岛国，大约存在于 9 000 年前。它拥有众多的人口和高度发达的文明，但后来由于国内腐败，即使曾经征服过埃及和北非，也最终在雅典城下惨败于古希腊人之手，勇猛强悍的战斗力和令人艳羡的国力只留在了历史长河中。接着，岛上又发生了空前的自然灾难，整个岛国仿佛在一夜之间便沉没于大海之中。这个"失落之城"沉没在哪里，至今仍是个谜，甚至它存在的真实性都

传说中的亚特兰蒂斯古城

奇幻魅影

令人怀疑，不过因为种种未知，反而为亚特兰蒂斯古城增添了无穷的神秘感，使其变成了人们神往的最奇幻的海底遗迹。

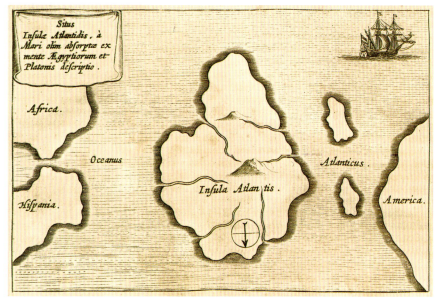

Mundus Subterraneus 一书中绘制的位于大西洋中部的亚特兰蒂斯地图

"天然之城"还是人造建筑

半个多世纪前，在琉球群岛的与那国岛南端，潜水员们发现了一建筑物的遗迹，其东西长约 200 米，南北宽约 140 米，最高处大约 26 米。只见珊瑚覆盖着一个方形结构物，有一块带棱角的巨大平台，仔细看去，还能找到诸如街道、楼梯、拱门状的建筑等，整体看来像极了祭坛。后来，琉球大学成立了专业的"海底考古调查队"，对此遗迹进行了长达八年的调查。队员们相继发现了柱穴、人头雕像、拱门及海龟雕塑等，他们判断这里可能是古代人聚会祭拜的神庙。在石墙上，还有一些含义不明的线刻符号，很有可能是当时的文字。而在与那国岛东南海岸的"立神岩"下方海底，又发现了高达数米的人头雕像，其五官清晰可辨，在雕像的附近，

与那国岛南端的海底遗迹

又发现了同样的线刻文字群。究竟这是座"天然之城"还是人造建筑，这个谜团等待人们去破解。

海底金字塔

同样在与那国岛附近，我们从南往西走，会在它最西端的西崎海域发现屹立在海底的那座巨型金字塔。这座金字塔宽 183 米，高 27.43 米，长方形的巨石层层堆砌，共有五层。在水中静立，偶有鱼虾经过，显得恢宏而威严。在金字塔附近还有几座由石板拼成阶梯状的袖珍金字塔，宽约 10 米，高 2 米。

海底金字塔

如果再细看金字塔周围的环境，会发现有类似街道环绕的遗迹，这显然

奇幻魅影

不是大自然的产物。伦敦大学的考古学家表示，建造这座金字塔的人，至少有美索不达米亚及印度河古文明的文明水准。

东京大学的地质学家指出，在与那国岛所在海域，其陆地露出地面的时间至少是万年前的最后一次冰河期。而以现代科学的认识来看，那时候的人类还处于石器时代，原始人靠捕野兽来生存，哪有能力建造神庙和金字塔型的建筑物呢？是不是远古时期真的有繁荣先进的文明存在呢？现在这些依然是个谜。

海底古城墙

我国古籍《澎湖县志》中有一段关于"虎井澄渊"的记载，说是从虎井高处俯视，可以看到海底有一片绵延的城墙。这会不会也和亚特兰蒂斯一样是个真假未知的地方呢？当然不是了，早在 1982 年，我国资深潜水人谢新曦就已经找到了澎湖虎井古城的位置。

"十"字形的古墙遗址为不偏不倚的南北、东西走向，南北向总长约 180 米，东西向总长约 160 米。墙体上下厚度不一，上端约厚 1.5 米，下端则厚 2.5 米。在北部另有圆盘形的构造物，外墙直径约 20 米，内墙则 15 米。城墙主体的表面长满海草，随着水波招摇。有的地方饱受侵蚀而凹凸不平，但搭建城墙的岩石块接缝极为平整，可以将刀子插入。

"十"字形的古墙遗址

海底古城一角

对古城墙的认识，科学家做了不少推测。有的认为古城墙只是桶盘、虎井特殊柱状玄武岩节理地形，一直延伸入海，形成沉城假象，但实际上却是自然景观。但地质学家研究表示，形如城墙的自然岩石应该是全部连续的，如果这个城墙又直又长，人造的可能性更高。那么，虎井古城到底是不是人工建筑呢？细细观察堆成城墙的玄武岩，很容易发现每块岩石大小十分一致，角度垂直，又有填充物填在石头缝隙间，而城墙凹口是"十"字形，且接砌面平整，非常符合人造建筑的标准。

人类文明史受到挑战

每一个海底遗迹，都承载了一段消逝的文明，历史风云变幻，终究没有留下它们的名字。但若时光倒流，这灿烂文明的消失似乎也无法改变。毕竟，我们的地球自形成至今，亿万年来不知经历了几度沧海桑田的变化，面对地震、火山、洪水、冰川等自然现象，有多少能幸免呢？古老的文明将过去的岁月凝聚一身，隐藏在海里，记录着过去的辉煌，也见证着地球的过往。

我们对人类文明历史有一个既定的认识，但是这些大量出现的海底遗迹却屡次将其颠覆。在海洋深处，也许藏着人类文明兴衰历史的秘密。

海底遗迹

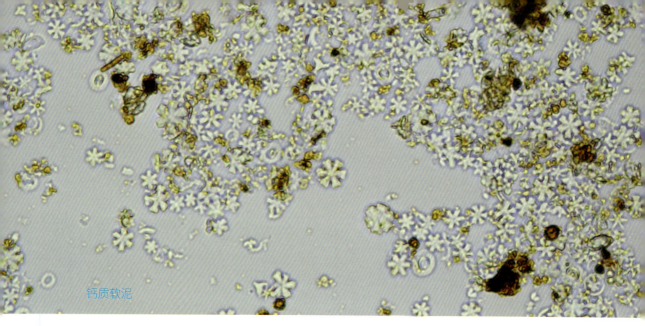
钙质软泥

硅质软泥

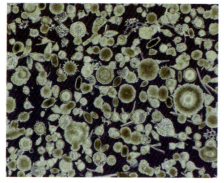
有孔虫软泥

深海软泥种类多 ▶▶▶

　　海水中携带着海洋生物遗骸、沙尘、火山灰、陆源黏土等很多杂物，它们沉积在海底，构成了海底沉积物。一些沉积物具有如羹汤一般浓稠的特征，"挑战者"号科学考察船的队员在进行全球性海洋调查时，用"软泥"来称呼它们。深海软泥的主要成分是海洋生物的遗骸，如果按照化学成分来划分，主要包括钙质软泥和硅质软泥。钙质软泥主要有有孔虫软泥（抱球虫软泥）、白垩软泥（颗石藻软泥）和翼足类软泥，而硅质软泥又主要有硅藻软泥和放射虫软泥。

　　因为所含化学成分各不相同，所以深

深海软泥中的有孔虫、放射虫和藻类

海软泥也是五颜六色的。在一望无际的海面之下，不同海底的不同类型的深海软泥就像一块块地毯，把海底装扮得五彩缤纷。钙质软泥在太平洋、大西洋、印度洋的热带及亚热带地区最为常见，多出现在水深 1 000 ～ 5 000 米的大洋盆地较高处，颜色有灰色、黄色、绿色、红色等。浅黄色的硅藻软泥主要分布于两极地区和太平洋北部寒带海区，而放射虫软泥常见于赤道附近海区，颜色主要为红色、棕色及黄色。

　　一路上，我们跨过海盆，爬过海山，看过洋脊，探过海沟，这么多的深海景观，你最喜欢哪一个？告别"蛟龙"号，带着有关深海的美好记忆，我们的深海之旅也结束了。等到有一天漫步在沙滩上，看大海烟波浩渺、吞吐日月的时候，你是否会想起海洋深处的另一番景象呢？

图书在版编目（CIP）数据

海底奇观 / 李新正主编 . — 青岛 ：中国海洋大学
出版社，2021.12
（跟着蛟龙去探海 / 刘峰总主编）
ISBN 978-7-5670-2753-4

Ⅰ．①海… Ⅱ．①李… Ⅲ．①海底－青少年读物
Ⅳ．①P737.2-49

中国版本图书馆CIP数据核字(2021)第013339号

审图号：GS（2022）50号

海底奇观 Splendors of the Deep Sea

出 版 人	杨立敏		
出版发行	中国海洋大学出版社		
社　　址	青岛市香港东路23号	邮政编码	266071
网　　址	http://pub.ouc.edu.cn	订购电话	0532-82032573（传真）
项目统筹	董　超	电　　话	0532-85902342
责任编辑	董　超	电子信箱	465407097@qq.com
印　　制	青岛海蓝印刷有限责任公司	成品尺寸	185 mm × 225 mm
版　　次	2021年12月第1版	印　　张	10.25
印　　次	2021年12月第1次印刷	字　　数	139千
印　　数	1～5 000	定　　价	39.80元

发现印装质量问题，请致电0532-88786655，由印刷厂负责调换。